U0323689

Nanny in a Book
The Common-sense Guide to Childcare

诺兰育儿标准

〔英〕路易斯·赫润　苏珊·麦克米兰◎著
Louise Heren　Susan McMillan

胡筱颖　黎颖◎译

重庆大学出版社

NANNY IN A BOOK：THE COMMON-SENSE GUIDE
TO CHILDCARE
by
LOUISE HEREN, SUSAN MCMILLAN
Copyright：© 2011 BY LOUISE HEREN AND SUSAN MCMILLAN, ILLUSTRATIONS BY
STEPHEN DEW
This edition arranged with Ebury Publishing
through Big Apple Agency, Inc., Labuan, Malaysia.
Simplified Chinese edition copyright：
2012 CHONG QING UNIVERSITY PRESS

版贸核渝字（2011）第 230 号

图书在版编目（CIP）数据

诺兰育儿标准/（英）赫润（Heren，L.），（英）麦
克米兰（McMillan，S.）著；胡筱颖，黎颖译.—重庆：
重庆大学出版社，2012.10
书名原文：Nanny in a Book：The Common-sense
Guide to Childcare
ISBN 978-7-5624-6848-6

Ⅰ.①诺… Ⅱ.①赫…②麦…③胡…④黎… Ⅲ.
①婴幼儿—哺育—基本知识 Ⅳ.①TS976.31

中国版本图书馆 CIP 数据核字（2012）第 156506 号

Nuolan Yuer biaozhun
诺兰育儿标准
Nanny in a Book：The Common-sense Guide to Childcare
〔英〕路易斯·赫润 苏珊·麦克米兰 著
Louise Heren   Susan McMillan
胡筱颖 黎 颖 译

策划编辑：王 斌
责任编辑：谭 敏 金建宏   版式设计：王 斌
责任校对：刘 真   责任印制：赵 晟
*
重庆大学出版社出版发行
出版人：邓晓益
社址：重庆市沙坪坝区大学城西路 21 号
邮编：401331
电话：（023）88617183   88617185（中小学）
传真：（023）88617186   88617166
网址：http://www.cqup.com.cn
邮箱：fxk@cqup.com.cn（营销中心）
全国新华书店经销
重庆市国丰印务有限公司印刷
*
开本：890×1240 1/32 印张：9 字数：242 千
2012 年 10 月第 1 版   2012 年 10 月第 1 次印刷
ISBN 978-7-5624-6848-6 定价：25.00 元

父母必备——为什么?

当我们准备迎接我们的宝贝的时候,都希望手边有一本实用的
——那种常识性的,能让孩子的童年充满乐趣的小册子。我
那种一刀切式的经验或者是某位非常成功的明星妈妈
我们想要得到那种代代传承下来的经验之谈。这样的
场上很难见到。

受邀开始为诺兰育儿机构拍摄一部电视纪录片,之后我们才
来她们的育儿经验就是我们所急需的。皇室和众多的名人之所
以把他们的宝宝交给诺兰,是因为这里是世界上最好的育儿机构。当
然,前提是我们要能够负担高额的费用。然后我们就有了一个想法,就
是我们可以把诺兰育儿机构的精髓写成一本书,传递给大家。

现在许多妈妈都不记得我们祖母那一辈抚育孩子的宝贵经验。
鉴于此,本书将 21 世纪的育儿经验和传统的看似欠妥的育儿方法结
合起来,这些传统的方法看似荒唐,但是经过一代代的祖母和保姆的
验证,的确有效。

本书将帮助你轻轻松松做父母。本书将为广大的父母提供切实
有效的常识,没有一句荒唐建议。

路易斯·赫润、苏珊·麦克米兰

注意:本书使用"他"来代指所有男女宝宝。我们并不是性别歧视,只是
想让全书更简单,更统一。

前　言

　　英国保姆享誉全球。那些干净利落、身着统一服装的传统保姆不仅是书本和电影中的经典形象，而且更让人放心的是她们是真正的育儿专家，从来不会有任何欠妥的育儿举动。诺兰育儿机构就是这样的一个机构，这里的保姆堪称21世纪的玛丽·波宾斯（玛丽·波宾斯：一直以来，英国保姆在世界各地都颇受欢迎。小说《欢乐玛丽》(*Mary Poppins*)中"专横"、有主见的保姆玛丽·波宾斯阿姨就是英国保姆的一个缩影。——译者注）

　　诺兰育儿机构在一个多世纪的时间里为皇室和明星贵族家庭提供了育儿服务。英国保姆代代相传的经验在她们的实践中不断得到验证和修正，这是其良好声誉的保证。现在我们很幸运——就算我们不是好莱坞巨星，也不是什么公爵皇族，我们也一样可以私享诺兰的育儿经验。《诺兰育儿标准》是陪伴您宝宝度过他童年时光的必备书籍，从他出生的第一天直到他长到8岁。您从书中既可以读到诺兰育儿机构的一些金玉良言，也能分享到一些有趣的育儿方面的私人经验。

　　巴斯大学诺兰学院的专家在育儿方面有着最前沿的理念，他们培养出来的保姆在世界上享有极高的声誉。本书与其他同类书籍最大的不同之处在于，本书是基于百年的育儿实践而非个人经验式的一家之谈。诺兰培训出的保姆带大的孩子，比这世界上所有的所谓

"育儿权威"们见过的孩子的总数还要多。不管是哄宝宝入睡,为宝宝准备一个美妙的生日会还是带着年幼的宝宝全家出游,只要是跟宝宝相关的事务,诺兰肯定是首席专家。

目　录

第一章 诺兰必读之婴儿房

过去数年间,诺兰育儿机构(下文简称"诺兰")抚育过的宝宝不计其数,个个都跟您的宝贝一样是父母的掌上明珠。因此,要说谁最有资格为那些新晋妈咪提供建议的话,诺兰肯定是不二选择。

本章您会读到一些专业的建议,教会您怎样布置宝宝房,怎样为宝宝挑选最适合的用品。您还会读到一些非常实用的小贴士,告诉您一些喂养宝宝、给宝宝换尿布、给宝宝洗澡的妙招。本章几乎涵盖了新晋妈咪需要知道的所有与您和您新生宝宝相关的一切知识。

布置宝宝房

如果您时间不宽裕的话,那么可以先花几个小时把一些基本的东西安置到位,那些五花八门的育儿用具可以稍后再慢慢添置。1个宝宝房的必备品包括:

- 3 张婴儿巾
- 1 包尿不湿(最好是新生婴儿的专用尺寸,尺寸建议印刷在外包装侧面)
- 1 张旧毛巾,用来做换洗垫
- 1 张大尺寸披肩或毯子,用来包裹宝宝

有了上述物品,您就可以为您的宝宝换衣服、换尿布,为他保暖。

这些东西在宝宝初生那几天非常好用,它们可以帮您安然度过宝宝初生的适应期,直到您找到援手。

装 饰

通常一说到宝宝房,大家就忍不住会想起那些艳丽活泼的颜色,房间里到处悬挂着小拖拉机玩具或者小仙女玩偶。但请记住,宝贝在初生几周内都无法将他的视线集中在某个物体上,所以尽量选择一些中性的颜色,也不要在墙上挂太多的图片。换句话说,不管您的宝贝是男是女,您都没有必要因为他的性别就把墙刷成特定的颜色,也不需要根据性别为他准备特定的玩具。比如,通常大家一开始就会把男宝宝的房间刷成蓝色,里面摆放诸如小火车之类的玩具;把女宝宝的房间刷成粉色,里面准备许多洋娃娃。黄色系或者奶油色系等颜色是不错的选择,也不容易过时,最重要的是,这两个色系的颜色让人觉得安宁舒适。日后您和您的宝宝会在这个房间里共度不少时光,任何过分鲜艳的装饰都会让人觉得不舒服的。

初生宝宝眼里的世界只有黑白两色。大面积的黑白色会帮助他的眼睛适应新的世界,慢慢建立对这个世界的兴趣。满月之后的宝宝会喜欢那些一闪一闪或者会发光的东西。这时候就可以考虑在墙上挂一些彩色的色块,或者是一些简单的图片以吸引他的注意力。宝宝在您为他换衣服或者换尿布的时候会长时间盯着天花板看,所以千万别把天花板给忘了。您尽可以把它当成一块画板,在上面为宝宝布置一些鲜艳的图片或是闪闪发光的会动的小玩意儿。

宝宝家具

为宝宝房配备家具时,家具款式是否时尚新潮倒不是最重要的,下面这些东西才是关键之物,有了它们,您和宝宝的最初几个月会舒适不少。

轻便小床

这是为宝宝准备的床，所以必须要让宝宝有安全感。宝宝半岁之前我们建议让宝宝晚上与您睡在一个房间里。这样的话，您夜晚给宝宝喂奶会更方便，夜里您也可以随时检查宝宝的睡眠情况。诺兰建议您为宝宝准备这样的小床：

■ 小床的四周有围栏，一方面保证通风，另一方面也方便宝宝透过围栏观察四周。

■ 有一面围栏是活动的，能够取下或者折叠下来，这样您无需费力弯腰就可以轻轻松松把宝宝从床上抱起来。

■ 活动围栏一定要有锁护装置，这个装置在您宝宝可以从床上爬起来站着并把着栏杆摇动的时候就显得非常重要了。

■ 围栏的高度要足够，应该不低于一个 18 个月到两岁大的宝宝的直立身高（大概是 1 米）。

■ 一张牢固、透气的新床垫——如果条件允许的话，您可以选择质量好一些、价格稍贵一些的床垫。

就算您在宝宝出生之前什么都没来得及准备，您也一定记得抽空准备好宝宝床。

婴儿篮

如果您的房间摆放不下一张标准尺寸的婴儿床的话，那么您可以选择婴儿篮，当然，这样一来花费也较大。我们更建议您买那种可以安装在婴儿手推车上的便携手提式婴儿篮，这种婴儿篮可以单独使用，也可以安装在手推车上变成婴儿手推车。当然，您也可以选择外表更漂亮的婴儿篮，选购时注意以下几点：

■ 宝宝睡在篮子里时千万不要仅仅提着篮子的提手。不管宝宝的体重如何，这种篮子的提手都不能承受。

■ 最好选择柔软材质织就的篮子。任何锐利或者毛糙的边角都不适合宝宝使用。

■ 篮子的织法最好稀疏一些,以确保良好的透气性。

■ 如果篮子是二手的,那么一定要买 1 张新垫子垫在里面,衬里一定要可拆洗。

便携手提式婴儿床

便携手提式婴儿床非常坚固,看起来像传统婴儿手推车的上面部分。这种床可以两用:白天可以用它提着宝宝下楼玩玩,另外还可以把它装在推车上面做成婴儿外出用的手推车。虽然这种手提式婴儿床的颜色不是那么时尚艳丽,没有侧包,也没有现代先进的汽车用提篮的固定带,但它非常实用,最重要的是,它经受住了时间的考验。

宝宝床上用品

宝宝用的床单、被褥和毯子最好都是纯天然材质。您需要准备 3 张与床垫大小匹配的纯棉床单,1 张床垫保护罩,3 张床单(这是直接铺在床垫上供宝宝睡的),3 床纯棉或棉毛混纺的毯子。所有这些东西都能用在宝宝床或者婴儿提篮上,也足够您天天更换而不需天天清洗。

市面上的婴儿毯颜色丰富,尺寸多样。您需要选择的基本款是那种棉毛混纺质地的,这样能很好应对全天气温的变化。老式的混纺网纹毯依然是我们推荐的首选,它的边缘有加固设计,网纹织法让毯子布满了一个个方形的小孔。这种毯子非常好用,易洗易干,裹住宝宝也不会让宝宝觉得太热。

不满一周岁的宝宝是不适合使用枕头、棉被或者羽绒被的。他可能会无意识地把自己裹到里面去,又没有办法把自己弄出来,这样很危险。更多有关如何正确让宝宝入睡的细节问题请参见本书的"睡眠"章节。

婴儿床用床围也不建议给未满一周岁的宝宝使用。它阻碍宝宝床空气的流通,能站立的宝宝还能自己拉着床围站起来,这个过程中宝宝可能会把自己缠住。床围外形非常可爱,但是您最好还是缓一步再使用。等到宝宝开始好动的时候,床围就能防止您宝宝不停挥舞的小手陷进床的围栏中,也能防止宝宝在睡梦中头突然撞到围栏上。

换洗操作台

当宝宝躺在他的新床上迷迷糊糊睡去之后,您可能会突然想起来宝宝的尿布湿了或者脏了,还没有换。当然,谁也不想把宝宝从睡梦中唤醒,所以下一次您一定要养成在他每次睡觉前先给他换尿布的好习惯,而且得找个既安全又干净的地方给他换。

在诺兰 100 多年的育婴历史中,我们为成千上万的宝宝换过尿布。我们建议,在地上铺一块旧毛巾或者是换洗垫,然后在上面为宝宝换洗。这样的话您可以随手拿到润肤霜、护臀霜、尿布还有宝宝的干净衣服,也可以顺手把宝宝换下来的脏尿布和脏衣服放在地上,让宝宝够不到。如果这时候恰好有其他什么要紧的事情需要你暂时离开,你也不必担心宝宝会从桌子上或者床上或者其他高的地方滚下来,他非常安全。但是现在市面上那些五花八门的操作台还真的很让人动心。如果您真忍不住要买一个的话,那么请记得,设计精良的操作台应该考虑到您和宝宝双方的需要,起码应该具备下面几点:

■ 大小要足够宝宝躺下之后能够挥舞小手,踢蹬小腿(当然还要记得宝宝长得很快,这个操作台要用到他两岁左右)。

■ 还要有足够的空间给您放干净的尿布和 1 罐润肤霜或护臀霜。

■ 操作台下的篮子和抽屉要开关顺滑,伸手就能够到。

■ 在操作台的一端应该有 1 个挂钩供您挂 1 个袋子装换下来的尿布,如果没有的话您也可以自己装 1 个上去。

我们对所有使用操作台或者使用类似操作台给宝宝换洗的家长们一个严肃的建议:请一定记得手不能离开宝宝 1 分钟。千万不要在没有任何保护的情况下把宝宝放在台子上。

喂养椅

宝宝只要洗干净了，穿暖和了，吃饱喝足了就会睡得香甜。所以每次安排他睡觉前都应该要先让他吃饱。找一个安静舒适的地方安心喂养宝宝，能让您和宝宝都觉得很放松、很舒服。要为宝宝建立一个良好的睡眠机制，喂养是首要的开始环节。

我们建议您在宝宝房内准备一把喂养椅。有些喂养椅能够轻轻摇动，但是这样的话您的宝宝可能会从此习惯在吃东西或是睡觉前都要摇着才行。这样一来万一什么时候您手边刚好没有可以摇动的喂养椅或者是摇篮的话，您又想让宝宝睡觉，他可能就会睡不着。因此我们的建议就是选用 1 把您中意的舒适的椅子就足够了。

进入宝宝房之前一定要脱鞋。您的宝宝会长时间躺在地上，或是在地上爬来爬去。您想，他完全有可能把地上的脏东西捡起来塞进嘴里。等他学会拉扯东西了，他就会拉住地毯的边角使劲扯。因此宝宝房的地毯最好选择那种能够固定在家具上不易被拉动的。

诺兰金科玉律

那种一脚就能穿进去的鞋子很容易滑落。因此抱着宝宝的时候您要穿系带鞋子或者带扣鞋。这两种鞋子不会在关键的时候从您脚上滑脱，也不会绊倒您。这个建议听起来有些老套过时，但是这是我们非常理智负责的建议。

夜 灯

哄孩子睡觉倒并不一定需要开着灯，但是有一盏光线柔和的调光灯最好了，夜里检查宝宝睡眠情况的时候也不会因为光线刺眼影响他。

其他婴儿用品

现在的宝宝有一个长长的购物单,上面列满各种各样的"必需品"。您可以根据您的预算情况以及您对宝宝的关注度,按照下面的清单有选择地购买:

- 汽车安全座椅
- 婴儿车
- 育儿包
- 宝宝背包
- 婴儿监视器
- 宝宝房温度计
- 宝宝衣服
- 宝宝玩具

汽车安全座椅

近年来宝宝用的汽车安全座椅成为了宝宝必备用品之一。要是您准备开车或者打车从医院带宝宝回家,如果没有宝宝专用的汽车座椅的话您是走不了的。事实上,绝大部分的医院会检查您的宝宝汽车安全座椅,然后再把宝宝放上去,帮您把座椅连同宝宝一起抱到医院大门口。只要您还没有离开医院的地盘,那么医院就要对您初生的宝宝负责。不过医院也没有地方给你囤这个座椅,所以千万记住不要自己气喘吁吁地把折叠起来的汽车安全座椅夹在腋下带着到处跑,先确定您出院回家的时间,到了那天自己专门找个人帮您拿着。要是您觉得回家之后就再也不需要这个座椅了,就只是从医院回家那天用一次,那么您可以找一个放心的途径租借一个,以保证您的宝宝安全地完成他降临人世后的第一次外出。

这个汽车安全座椅必须能完全支撑您的宝宝,宝宝的头必须完全处于安全座椅头靠的保护之中,不能伸到外面。座椅两边必须各有一根安全带,能固定宝宝的左右肩膀,交叉扣住之后要保证牢固,而且安全带的长度要能根据宝宝的生长进行调整。宝宝的汽车安全座椅必须要有一个固定装置能够将它安装在汽车后排座位上。如果您在宝宝出生之前就已经为他准备好了安全座椅的话,您可以在家先练习一下怎么把椅子安装在车上。刚开始时您可能会花不少时间,要是先不在家练习的话,等到出院那天,助产士可能会在路边等得不耐烦,眼巴巴盼着早点跟你挥手道别哦!

宝宝的安全座椅是不能安装在前排带安全气囊的乘客座位上的。安全气囊在紧急情况下一旦打开,很可能会将婴儿或是幼儿挤压致死。所以一定将宝宝的安全座椅安装在后排座椅上,面朝后。宝宝乘车时应尽量面朝后放。这种方向让您的宝宝在遇到车祸的时候仍然能够得到很好的肩部和头部支撑。确认宝宝安全座椅的承重极限,只要宝宝不超重,就尽量让他在乘车时都面朝后坐在安全座椅上,而且这个时期至少要到宝宝能够独立坐稳之后。

婴儿车

说起婴儿车,诺兰就很来劲,特别是说起那些结实的有着车身流线型设计的婴儿车。这些漂亮的婴儿车能让你在一大群爸爸妈妈里面显得鹤立鸡群。诺兰一直建议给宝宝使用婴儿车,因为它的高度正好能让您的宝宝不会受到汽车尾气的骚扰;同时它还能让宝宝和爸爸妈妈进行眼神交流,以此增进亲子关系;它坚固耐用,可以一用数年,陪几代宝宝成长。

不过,这种婴儿车有些笨重。所以现在通常是推着宝宝散步的时候可以用用,要是想推着它在购物中心逛来逛去的可就不太方便了。要是想找一个时尚点的婴儿推车,您可以在作最后决定之前多试几个。

坚持以人为本设计理念的婴儿车应该让您随时都能面对着宝

宝。您能和宝宝说话,对宝宝微笑,他能看到您指给他看的任何有趣的东西。婴儿车应该有刹车装置,转向方便灵活,宝宝座椅下面应该有一个购物篮,或者在车两边各有一个对称的购物袋。车应该稳固但不笨重。还需要有一个手环,方便您推车时套在自己的手腕上,这样不管是什么让您的手暂时离开了婴儿车,婴儿车也不会变成脱缰野马一样。

真正秉承以宝宝为中心的设计理念的婴儿车应该让宝宝随时都能正对着您。他能和您微笑,能跟您手舞足蹈表达他的意思,等他大一点以后,他还能这样面对面坐在婴儿车里跟您说话。有研究结果表明,这样让婴儿能够随时面对父母的婴儿车的的确确能够提高婴儿的交流能力,这对他日后的交际能力发展是大有裨益的。另外诺兰建议您购买那种有固定的安全带装置的婴儿车,这样可以防止您宝宝的小手小脚被绞进车里,也可以防止他从车里翻出来。婴儿车内侧应该完全被垫布包裹,不能有任何尖锐物或凸起,以防宝宝受伤。婴儿车应该要足够大,这样保证宝宝有足够的空间可以平躺,平躺的体位能给予宝宝身体更多的支撑,对宝宝的脊柱更有利。婴儿车顶最好还有一个雨棚或者遮阳顶。要是没有遮阳顶的话,也可以用一些便宜的东西代替,比如用一块大大的方形的细薄棉布覆盖在婴儿车顶部,两边用布夹子固定在车两侧。

婴儿外出用推车

如果您正打算给宝宝购置一台多功能婴儿外出用推车的话,千万要记住您初生的宝宝绝大部分时间需要在里面平躺着。这样的话他的脊柱会长得又直又强壮,日后可能学步都要早一些。宝宝外出时在推车中待的时间不能太长,我们建议不超过 2 小时,当然,时间越短越好。

跟所有的婴儿用品一样,您在真正使用婴儿车或婴儿外出用推车之前,都要先仔细检查一下,看看能不能用一只手就把推车打开架好(因为等您真正需要用婴儿车的时候,您的另外一只手很可能正抱着宝宝),再看看您能不能单手把推车放进汽车的行李箱中。

诺兰推荐您为初生的宝宝选择婴儿车。因为折叠式的婴儿车是没有办法给宝宝的脊柱和头部以足够的支撑的。折叠式婴儿车适用于半岁及以上的宝宝。您可以等到宝宝稍大之后把婴儿车送到二手市场卖掉,然后等他年龄合适的时候再给他换个童车。养宝宝的花销很大,所以我们建议您尽量购买二手用品。

背带和育儿包

育儿包和背带可不只是在您购物时才发挥作用。当您在房子周围或花园里忙碌的时候,这两样东西能让您的宝宝随时随地在您身边。宝宝小的时候会喜欢时时刻刻依偎着您,但是只需几个月的时间,他的注意力就会转移到他生活中的周遭事物上。当然如果有一条又长又牢实的围裙也可能解决问题,不过如今市场上有不少高科技的背带和育儿包,这些东西可比围裙安全多了。建议您多看看多比比,找出用起来最顺手的产品。

您需要的育儿包应该有加厚的双肩背带,还应该有腰部和背部的支撑,锁扣部分要坚固牢实,保证安全带的位置不会出问题。背宝宝的袋子应该加厚,柔软暖和,最好是镂空的,这样宝宝的小手小脚就可以伸到外面去。在购买之前一定要留意背袋或者育儿包的负重限制,因为每个宝宝的体重是不一样的。如果您的宝宝出生体重就超过了宝宝的平均体重,如果他出生之后还延续这样良好的发育势头的话,他很快就会超过育儿包的负重限制。购买背带时也应该将上述因素考虑在内,另外还需要考虑长度是不是足够绕过您的双肩及绕过您的腰部一圈。

诺兰金科玉律

如果您的宝宝是一对双胞胎,您又推不动双胞胎用的手推车,那么建议您用手抱一个,再用背带背一个。还有一个要记住的是,下次出门的时候记得换一换,把上次抱在手上的背起来,把上次背起来的抱在手上,不要总是抱同一个宝宝,背另一个宝宝,要换着来。

宝宝背包

当宝宝可以在无需扶助的情况下直起头来,并自己坐起来不倒,您就可以把他装在宝宝背包里背在背上了。当然,宝宝背包并不是必备之物,但是对一个气氛活跃的家庭来说再合适不过了。宝宝背包应该合您的背部尺寸,当然也要能轻松调节到您伴侣的背部尺寸,内部空间要考虑到宝宝生长的需要。有些宝宝背包还有贴心的雨棚和遮阳设计,还有些有一些侧包,以便随身携带奶瓶、大口瓶、干净尿布、帽子和开门的钥匙串。

婴儿监视器

婴儿监视器由两个部分组成:一部分安装在婴儿房;另一部分安装在您的房间。这种装置通常都使用交流电,也有一些使用电池。对新生儿来说,婴儿监视器的作用不大,因为不足 6 月龄的宝宝通常应该昼夜都与您同处一室。等他长到 6 个月大,您就可以白天把他放在婴儿床上,自己到屋子里其他房间去忙自己的事情了。这时婴儿监视器就必要了。这样您就可以留心听监视器的动静,不需要频繁地跑进跑出去看宝宝了。当然,即便如此,您也要记得最起码 15 分钟要亲自去婴儿床那里看看他的情况。现在市面上还有可视监视器,这样您不仅仅能从监视器上听到宝宝的情况,还能直观地看到他了。

不过这个婴儿监视器还是有一个小小的问题。您去看宝宝的时候一定记得要放轻脚步，放低声音，因为您别忘了，在另外一个屋子，监视器的那边，也许还有人呢。

宝宝房温度计

宝宝房温度计是必备之物。宝宝房应该通风良好，但是没有风直接吹进来；温度要不高不低，理想室温是 18～20 ℃。宝宝房温度计能帮您把室内温度控制在最合适的范围内。

宝宝衣服

每个迎接新生宝宝的家庭都要面临给宝宝准备衣物的问题。在您开始为宝宝疯狂"血拼"之前，有一些注意事项需要谨记。新生宝宝的衣物必须是百分之百纯天然质地。宝宝贴身的衣服要选择全棉质地，外衣则可以选择羊毛质地。宝宝衣物上不能有任何容易被拉掉或者扯坏的东西，这些东西随时会被宝宝扯下来放进嘴里。最好避免那些毛茸茸或者蓬蓬松松的东西，特别是宝宝的脸部和颈部要注意，这些东西最容易刺激到宝宝娇嫩的肌肤，引起过敏。

您初生的宝宝长得非常快，所以千万别一冲动就买一叠婴儿连体衣放着，很可能宝宝刚满月就穿不了这些衣服了。0—3 月龄的婴儿连体衣比较实用，对大多数宝宝而言，可以从宝宝出生一直穿到他几周大。这个阶段别太考虑钱的问题，要给宝宝穿合体的衣服，如果从经济角度考虑，一出生就给宝宝穿 3—6 月龄的衣服的话，宝宝可能会不太舒服，衣服的保暖性也会比较差。

至于宝宝衣服的颜色，诺兰建议您选择简单大方的颜色。如果您没有提前知道宝宝的性别，那么您可以准备一些白色的婴儿服，这个颜色会让宝宝看起来又清爽又乖巧。在宝宝真正降临人世前是有必要做一些物质准备的。当然等您和宝宝出院回家之后，您的朋友或许会给宝宝买衣服当礼物。随着宝宝一天天长大,您会发现如果宝宝比较活泼一些的话,他一天可能就要换几套衣服。

诺兰宝宝全套衣物清单:

- 3件宝宝连体衣
- 3件贴身背心(如果宝宝是冬天出生的话)
- 2双连指手套
- 2顶套头帽
- 1张大披巾或毛毯
- 1套连体冬衣或是羊毛连体外出服,以备宝宝外出之用
- 6张细薄棉布方巾

诺兰金科玉律

宝宝纤细的手指和脚趾很容易在您给他穿衣服的时候被折断,所以在给他穿衣服裤子之前,一定要先把袖子和裤腿卷起来,就像您穿裤子要把袜子先卷起来一样。然后用手指穿过袖口和裤腿的洞,动作轻柔地握住宝宝的小拳头和小腿,再慢慢把袖子和裤腿穿上去,拉直。这样宝宝的手指和脚趾就不会被蒙在袖子或裤腿里找不到了,您可以很安全地给宝宝穿上衣服裤子了。

婴儿鞋或婴儿靴对宝宝而言是中看不中用的东西,没必要买。只要他的脚暖暖的,宝宝就会很开心。要让他的脚暖暖的,您只需要用毯子给他把小脚裹好就行了。如果您真的想要给他买双漂亮靴子的话,请一定记住买得稍微大些,为宝宝的双脚留足生长空间。同样,给宝宝买的袜子也要留够空间,让宝宝的脚能在里面活动。可不要小瞧了袜子的问题,一双不合适的袜子对宝宝小脚的危害一点不比一双不合脚的鞋子小。

宝宝玩具

市面上的宝宝玩具琳琅满目,让人总有忍不住想买的冲动。但请记住,在宝宝满 6 个月之前,您就是宝宝最好的玩具。他的所见所闻,尝到的和嗅到的,全都来自于他生活的周遭环境。他最初学到的东西是从家人那里得到的。大多数宝宝的第一个玩具是软软的惹人喜爱的泰迪熊。虽然泰迪熊的确是很受欢迎的玩具,但是它对初生宝宝来说不太合适,所以千万别把玩具泰迪熊放进婴儿床或是婴儿推车。我们建议您在宝宝满周岁之前不要给他玩任何毛绒玩具。这些玩具的绒毛会让宝宝过敏,甚至有导致宝宝窒息的潜在危险;另外,要是跟玩具泰迪熊睡在一起的话,宝宝会感觉太热,而且,软塌塌的玩具熊还可能压在宝宝身上,让宝宝窒息。

如今市面上所有的玩具都有一个安全警示标签,上面标注了适合的年龄段。在为宝宝选购玩具时请一定留意这个安全标签。接受别人送给宝宝的礼物的时候也要注意这个问题,如果不合适的话,您可以暂时把别人的礼物放在玩具篮子里一个月,或者更长的时间,送礼的人应该也不会介意您这么做的。要是您想为宝宝买一个毛绒玩具等他长大一点玩的话,那么最好不要选择那些毛茸茸的。玩具的眼睛最好是是用线绣出来的,不要是纽扣或者珠子之类的,也不要买太大的玩具——太大的玩具会把小宝宝压住的。

为宝宝做一个婴儿车风车

把玩具放在婴儿车里其实不是个很好的选择,在您推着婴儿车四处购物的时候,玩具会在您不注意的时候从婴儿车里滑落,这里我们给您推荐一个玩意儿,不会让您破费,而且要是弄丢了的话您能很快重新换一个新的。

拿一张正方形的彩色卡纸,把它沿对角线剪开(就像做三明治那样),然后在卡纸正中心打一个小孔,拉起四个三角形右边角,将它们

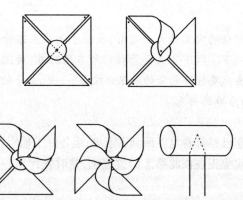

一起用图钉钉在卡纸中心小孔上，最后把图钉钉在一根小木棒或者硬的秸秆上。用软木塞塞住另一头，这样就绝对安全了。然后您可以把这个风车插在宝宝的婴儿推车上，看着宝宝欣喜的眼光追随着风车的转动，您也一定会很高兴的。

　　小型的毛绒玩具，尤其是那种过一段时间宝宝就能拿起来握在手里的是宝宝最适合的玩具了。不过即便如此，您也要记得不能让宝宝在无人监护的情况下单独和这些玩具一起被留在婴儿床或婴儿车里。

　　拨浪鼓、软积木和布书都是宝宝认识世界的最好的启蒙玩具。给低月龄宝宝的玩具应该要柔软，颜色鲜艳，有趣，最重要的是要便于清洗。当宝宝可以抬头，能借助垫子翻身，坐起来，他就需要玩具来锻炼自己手部的抓握功能和手眼协调能力。他会把玩具抓起来摇摇，然后放进嘴里咬，通过这样的方式来"尝"试这个世界，感受这个世界。

　　但是有一种玩具诺兰并不推荐您给宝宝使用。就是那种会放音乐，会闪烁的婴儿健身器。宝宝和成人一样，要是一直有什么东西在你眼面前一直晃啊晃，闪啊闪，发着噪音，也一样会感到烦躁不安。更糟糕的是，当宝宝觉得厌烦的时候，他又不能自己起身把它关掉。要是您真有这样的玩具，千万记得有开就有关。每次最多给宝宝玩

10 分钟。

　　当我照顾的宝宝稍大点之后，我动手把雇主家的塑料婴儿健身器改造了一下。取下了上面悬挂的所有的玩具，换上了一些天然的东西——当然要拴得紧紧的以保证安全——比如干的没有松子的松果，大片的洁净的羽毛。

——保姆茉莉亚

　　现在您已经带着宝宝回到了家里，也备好了他所有的必备之物，现在您和宝宝正在彼此熟悉的过程中，是时候计划一下您未来的日子了。

安置好新生宝宝

　　我们知道一个宝宝对您意味着整个生命的不可逆转的改变。就像任何一段新关系的建立一样，您和宝宝也需要有一段时间来彼此熟悉。我们照顾每一个宝宝的经历都是从观察宝宝开始的。比如，我们会观察这个宝宝是不是喜欢被温柔抚摸，他是不是喜欢被抱在身上，每次的奶量是多少，所有的这些问题都需要慢慢学习。所以我们建议您和我们一样，多看多听。宝宝很快会对您的每一个举动作出反应——您会知道他是不是喜欢您温和地按摩他的双腿，您也会知道他每次喝奶之后您给他拍背帮他排除胃里的空气的动作是不是温和有效。

　　千万要记得您的宝宝护理应该是以宝宝为中心的。刚开始的时候的确需要建立某种规程式的时间安排计划，但是不用给您自己制订严格的时间表。我们建议您享受生活，和宝宝一起成长，如果需要的话，可以让宝宝来带动您，给您一些灵感。宝宝会让您知道什么方法什么东西对他最有效，您的生活也因此会一天天轻松起来。

　　下面列举的是您需要安排在您的时间计划中的：

喂　奶

喂宝宝是您抚养宝宝生涯中的重头戏,占据了每天的绝大部分时间。新生婴儿需要每 2~4 小时进食一次。至于宝宝每次吃多少量,每次需要吃多长时间,全都取决于宝宝自己,因人而异。医生们都会建议您母乳喂养,当然我们也非常赞同这个观点。不过我们从不对您的选择做任何评论,因为我们相信您做的每一个决定都有您自己的原因。

如果您一开始就选择了母乳喂养,那么请一定在离开医院回家前就好好向您的助产士请教。她的话对于您和您的宝宝而言,远远比书上得来的任何经验建议要有用。她会手把手教会你宝宝如何吸吮,您该用什么姿势抱着他,怎样调节您的体位让他能够最舒服最方便地吃到奶。就是回家之后,您也可以继续向别人请教。在母乳喂养方面,您的健康顾问,您的母亲甚至是朋友都能提供一些切实可行的建议。一旦遇到问题,您可以把这些建议逐一试过。一条不行,试下一条,最后您就知道该怎么做了。要是所有的建议都不灵的话,别沮丧,大不了就用奶瓶。

不管您是母乳喂养还是喂奶粉,第一件事都是一样的——先要洗手。新生儿很容易感染疾病,所以您应该尽量避免让细菌通过宝宝喝的奶进入宝宝身体,给宝宝争取更多的健康成长的机会。

每个新妈咪都应该尽量保持身体健康,注意休息。不过母乳喂养的确很累人,特别是如果您是双胞胎的妈妈,或者您的宝宝很能吃。所以您一定要吃得饱饱的,喝得足足的——如果您每次母乳喂养的时候能够在喂养椅旁放一杯饮料供你随时啜饮的话,这样您每天的水分摄入量就够了(最好不要喝热饮,以防不小心滴下来烫着您或您的宝宝)。如果您需要用药的话,请事先咨询专业医师,以确定这些药是否适合哺乳期使用。避免进食含有咖啡因、酒精的食物及饮料,也最好不要吸烟。很不幸的是,可乐含有一定量的咖啡因,巧克力也同样不能幸免。

喂养时间

关于这个问题,您有两种选择:一种是按需喂奶,另一种是按时喂奶。第一种比较花时间,但是这样喂养的宝宝通常长得比较胖,您的母乳喂养也会越来越轻松愉悦。这种方式对那些有经验的妈妈来讲比较合适。按时喂奶更容易让新手妈咪上手。每2~4小时喂一次,不过不要太机械地完全按照时间,应该随时观察宝宝有没有饥饿的表示。因为只有在宝宝饿的时候观察,才能够知道什么信号是他在告诉你他饿了,因此,要多观察初生宝宝,慢慢培养和他的默契。按时喂养有一个优点,就是您可以围绕喂奶这个中心安排您一天的时间,当然别忘了要留下一些弹性时间给宝宝,因为他虽小,但也有自己的意见。

喂养地点

在开始喂奶之前,选一把合适的喂养椅,找个舒服的姿势坐下来。您的宝宝也许喜欢慢慢吃,这样一来您可能需要在这把椅子上坐上一段时间。不管您选择母乳喂养还是人工喂养,都别赶时间,给宝宝喂奶时您需要全身心关注您的宝宝。

要是双胞胎的话,喂奶的时间就更长,也需要一个相对更宽敞的空间。不少双胞胎的妈妈都为到底先喂哪个宝宝而为难。其实如果可以的话,您可以给两个宝宝同时喂奶,一边抱一个,用枕头垫着他们的背部,您的手托着他们的头。当然同时给两个宝宝喂奶会更辛苦,所以您自己一定要努力吃得饱饱的,喝得足足的。总有一天您的宝宝会为您的付出表示感谢的——一定会有这么一天的!

> **诺兰金科玉律**
>
> 　　宝宝尚小的时候您最好不要用香水。他需要熟悉您的味道，另外香水对他的鼻子和皮肤太过刺激，没有什么好处。

母乳还是奶粉

　　宝宝稍大一些后，会有一些妈妈选择结束母乳喂养，转而给宝宝喝奶粉。如果您想把奶吸出后用奶瓶喂给宝宝，那么最好先让宝宝习惯母乳喂养，这样宝宝才不会混乱，不至于喝了奶瓶之后不知道该怎样吮吸您的乳头，或者因为奶瓶喝奶相对轻松容易，从此就变懒了，宁愿喝奶瓶而不愿意吮吸乳头了。

　　母乳喂养的优点：

- 母乳是宝宝最优的营养品。
- 母乳无需额外费用，宝宝随时需要随时都能喝到。
- 无需奶瓶或者其他用品辅助。
- 不受时间地点限制。

　　人工喂养的优点：

- 妈妈不会过于劳累。
- 任何人都可以充当喂养宝宝的角色。
- 便于掌控宝宝每餐进食的奶量（这一点对那些体重相对较轻或发育情况不够良好的宝宝们特别重要）。
- 只要事先计划好，依然不受时间地点限制。

吸　奶

　　把奶吸出来放在奶瓶里喂给宝宝，这对那些即将返回工作岗位的妈妈们来说不失为一个好的办法。这样就可以让其他人代替您进行"母乳喂养"。吸奶器有电动和手动两种供您选择，不过无论您选择的是哪种,同样重要的就是您每次吸奶之前一定要先洗手,然后再根据说明书的建议一步一步完成吸奶。您当然也可以用自己的双手挤奶。您可以这样做:

- 温柔按摩乳房,帮助刺激涨奶。
- 用虎口(大拇指和食指之间的位置)夹住乳头,呈 C 形环握住整个乳头。
- 轻轻挤压,然后松开,并有节奏地重复挤压和松开动作。
- 要是奶只能滴出来,先停止挤奶动作,换个角度继续上述挤奶动作。
- 等奶差不多挤干净了(只能挤出零星几滴了或根本就挤不出来了),就换另一边乳房继续。
- 如果需要可以再换一次,以完成整个挤奶程序。

挤出的奶可以在 4 ℃或更低温度的冰箱里存放近 5 天。最好把奶放在冰箱里面一点的位置,不要接近冰箱门。只要容器够卫生,还能把挤出的奶装好放进冷冻室。放进 0 ℃左右的冷冻室可以存放近两周时间,如果是放在温度为零下 18 ℃或之下家用冰箱的冷冻室中,保存期限可达 6 月之久。但是不能用微波炉解冻或加热冷冻过的母乳,要放在冰箱冷藏室慢慢解冻,一旦解冻,需要立刻食用。

人工喂养辅助用品

如果您想把奶吸出来喂给宝宝或者直接就给宝宝喝配方奶,那么您需要购置一些辅助用品。最好准备 6 个奶瓶(带有橡胶奶嘴和奶瓶盖的那种),这样才能保证您 24 小时都有干净的奶瓶给宝宝使用,还要准备诸如奶瓶刷之类的消毒工具。消毒是非常关键的一环,这样才能防止病菌从奶中进入宝宝的肚子里。

每次喂宝宝喝奶之前,先洗手,然后用普通清洗液清洗奶瓶(奶嘴和奶瓶的瓶颈都要洗)。奶瓶内部用奶瓶刷仔细清洗,注意瓶底,不遗漏任何一个不容易清洗的地方,之后还要在流水下将奶瓶的每一部分彻底冲洗,避免任何清洗液的残留。下一步就是消毒。您可以把整套奶瓶放在电子消毒设备中,也可以使用消毒液浸泡。消毒之前要认真阅读消毒工具或产品说明书,按照上面的建议一步一步操作。在整个消毒过程完成之后,一定要等奶瓶自然冷却下来之后再将母乳注入。如果您是给宝宝喝配方奶的话,在奶瓶消毒的等待过程中您需要给宝宝烧一些开水,然后等开水自然冷却后用来冲配方奶粉。

> **诺兰金科玉律**
>
> 　　宝宝还小的时候,建议您在家里准备两个烧水壶。一个家用,一个宝宝专用。这样就不会有人在不知情的情况下,把您特意为宝宝凉在壶里的水当成自来水再次加热后泡茶喝了。

最好能在厨房壁橱中预备一些消毒片,这样要是突然遇到停电,您也不会因为无法用电消毒器而烦恼了。就算天塌下来,诺兰也会帮您确保在没有任何辅助工具的情况下,保证宝宝奶瓶的卫生安全。

> **诺兰 DIY 消毒法**
>
> 　　用一口平底锅把水烧开,然后将需要消毒的奶瓶放进去,用一把长柄勺子把奶瓶按下去,确保奶瓶的每一个部分都完全浸泡在开水中。浸泡 2 ~ 3 分钟之后将奶瓶取出,放在一张干净的厨用纸巾上,瓶口朝下自然晾干。千万不要用毛巾将奶瓶揩干。最好的方式就是让它自然风干,当然要注意不能让蚊虫苍蝇靠近。然后用盐擦洗奶嘴和瓶颈部分,特别要注意奶嘴的死角部分。然后在流水下冲洗干净,接着放入平底锅的滚水中。同样,最后要将奶嘴放在干净的厨用纸巾或毛巾上自然晾干。

在宝宝满周岁之前,您一直都需要为他消毒奶瓶。等他满一岁开始喝牛奶或羊奶之后就不用了。之所以要求您在长达一年的时间内都要为他消毒奶瓶是因为如果宝宝的胃无法消化牛奶或羊奶的话,那么他的免疫系统就还不完善,无法抵抗洁净度较差的奶瓶带来的细菌。就算有天您给宝宝断奶了,您也得给他的餐具消毒,原因是一样的。

无论是母乳,配方奶还是动物奶,要让宝宝喝得最舒服,那么最好是微微温热的。您可以把装好奶的奶瓶放在一个装满热水的罐子里热 2 ~ 3 分钟,或者直接用温奶器热奶。记得要把奶瓶摇一摇,这样才不会出现奶热得不均匀的情况。在把奶瓶喂给宝宝之前,一定要先滴几滴奶出来,滴到您手腕内侧,试试温度。最适合宝宝的奶温应该是接近宝宝直接从母亲那里吃到的母乳的温度。

> **诺兰金科玉律**
>
> 千万不要直接把喂完奶的奶瓶不经洗涤和消毒就直接放在水龙头下用热水冲洗。热水会把残留的奶烫到奶瓶壁上,形成一层油污,这层油污在消毒的时候是无法被去除的。要冲洗的话只能用冷水冲洗。

配方奶

配方奶分为配方奶粉和液体配方奶。液体配方奶在您需要带宝宝外出的时候是非常方便的,不过通常家里选用的还是配方奶粉。年长一些的妈妈们或者是祖父祖母们,会建议您早上给宝宝多冲一些奶,这样就可以一整天不用再冲了,需要喝的时候直接喂给宝宝就好了。但是今天诺兰不建议这样做。我们对于人工喂养宝宝有 3 条建议：

■ 每次喂宝宝的时候都新冲调一次配方奶。

■ 如果的确有冲好了未喝完的，一定要放入冰箱冷藏且不超过24小时。

■ 一定要仔细阅读并严格遵照配方奶生产商的建议。

配方奶生产商会建议您根据宝宝的身高体重以及月龄来确定配方奶粉和水的比例。请一定严格按照建议比例冲调，配方奶过浓或过淡都不好。奶冲得过浓并不意味着这样的奶能更经饿，这样的奶只会让宝宝无法吸收，最后生病；奶冲得过淡会影响宝宝增重，并让宝宝没有饱腹感。

一旦您拆开了配方奶粉盒子上的封条，细菌就很容易侵入，所以在每次使用后请一定要记得密封好盒子或者把奶粉装进专用的密封罐内。冲调奶粉的水最好是烧开后冷却的凉白开，或者是瓶装水。如果是烧水的话，在水烧开后，静置冷却不超过30分钟，然后将适量的已冷却一段时间的水注入已消毒的奶瓶中。这时水的温度大概在70℃左右，完全能杀死配方奶粉中可能的细菌。然后再按照建议量注入适量的配方奶粉，摇匀使其充分溶解。奶粉应该完全溶解，不能有任何奶粉块。如果此时配方奶的温度已经冷却到接近体温了，那么就可以直接喂给宝宝了，若不然，可以用冷水冲洗奶瓶外部以达到降温目的。如果不需要马上给宝宝喝的话，可以将冲调好的配方奶放进冰箱内并于4~6小时内食用完。您需要随时跟您的助产士保持联系，她会告诉您最新的关于宝宝食物的贮藏方式。

诺兰忠告

如果瓶装水的钠含量超过200毫克/升的话，就不适合用来给宝宝冲调配方奶。

如果您需要带着宝宝出门短途游玩的话,可以用一个干净的水杯装满开水,用一个干燥的容器装奶粉。如果水和奶粉都是事先按照冲调建议量过的话就最好不过了,这样在外面冲奶就会很方便,直接把奶粉和水混合摇匀就可以了。

不管是母乳还是配方奶,只要放进奶瓶中加热过一次,就不能再次加热了,否则细菌会在奶瓶内滋生。宝宝喝过的奶瓶要及时清洗,未清洗的奶瓶放置一小时后就不能再直接喂给宝宝了,这样的奶瓶已经滋生了不少细菌了。

有些宝宝容易渴,光喝奶是不够的。白天您可以尝试给宝宝喂一些凉白开。如果您是母乳喂养,又觉得宝宝还是需要喝点水的话,那么可以用一个干净的小勺喂凉白开给他喝,用小勺是为了避免他接触了奶瓶之后就不愿意直接吮吸您的乳房了。让宝宝愿意喝白开水的最好时机是炎炎夏日,或者宝宝病了,不太愿意喝奶的时候。

帮宝宝打饱嗝

给宝宝喂奶之后让他打个饱嗝能让他一次喝得更多,喝饱之后也会觉得更舒服。您可以在您的肩上搭一块大的薄棉方巾或薄毛巾,然后让宝宝靠在您的肩上,脑袋靠在您的脖子那里,轻轻为宝宝拍背;也可以轻轻顺着他的脊柱帮他捋捋背,直到宝宝打个饱嗝,排出胃里的空气为止。之所以建议您在肩上垫一块布,是因为他打嗝的时候可能会溢出一些奶。这是正常的溢奶,每个宝宝溢出来的奶量因人而异。不过要是宝宝差不多把刚刚喝下去的奶都吐出来了的话就不正常了,需要马上去看医生。这说明宝宝可能有胃逆流现象或者是身体里面哪个地方堵住了,东西吃不下去,自然也就不能正常生长发育了。

帮宝宝打嗝的具体操作方法就看您和宝宝的配合和喜好了。除了把宝宝抱起来让他靠在肩膀上之外,您还可以扶着他直立坐在您腿上,让宝宝的下巴靠在您的一只手臂上,这样保持宝宝头部和颈部的直立,另一只手轻轻抚摸他的后背。您可以多换几种方式,变换几种体位,找到对自己宝宝最有效的方法。

要是每次宝宝排气都排得很多的话,您要找一下原因,是不是因为:

■ 您喂得太快了?那么请预留多一点的时间来给宝宝喂奶,千万不要因为着急出门就匆匆忙忙喂奶。

■ 他是不是每次吮吸的时候附带把空气也吸进胃里了?孔过小的奶嘴可能会让宝宝吮吸的时候吸进空气,所以如果宝宝是因为这个原因吸进太多空气的话,那么是时候给宝宝换一个孔更多或孔更大的大流量奶嘴了。

如果宝宝喝奶时吸入的空气过多,宝宝可能会因此受到肠绞痛的困扰。这种问题对新生儿很常见,多见于出生后 3 周至 3 月龄的宝宝,频繁的时候可能每天一次。有的父母开玩笑说他家宝宝的肠绞痛就像闹钟一样准时——差不多都是每天傍晚的同一时间发生。到现在为止还无法解释肠绞痛的确切原因,您能做的就是在宝宝出现肠绞痛现象时密切观察宝宝的反应,最重要的是保持冷静。如果您觉得有什么不对劲,可以及时跟您的保健医生联系,如果她告诉您宝宝没什么大碍的话,就请放宽心。有时候稍微运动一下能够缓解宝宝的不适,也能舒缓一下您的压力,所以这时候您也可以把他抱起来,搂着他在屋里到处走走;当然也可以带他出去散散步。手推车的轻微震动也许能帮助缩短肠绞痛的时间。也可以让宝宝吮吸您的小指或者给他一个安抚奶嘴,分散他的注意力。市面上还有一种治疗宝宝肠绞痛的传统药物叫“肥仔水”。其实总的来说,上述这些办法并不能真正解决问题,但是这些办法能让您觉得安慰,因为您一直在想法子减轻宝宝的痛苦。不过记得在给宝宝使用“肥仔水”之前要先问问医生的意见。

宝宝肠绞痛时诺兰处理方法

让您宝宝面朝下匍匐在您的前臂上,让他的小肚子正好放在您手掌的根部,您用手托住他的髋部,宝宝的头刚好放在您的臂弯里。这样您手掌根部施加给宝宝肚子的压力能让他的疼痛得到一些缓解。

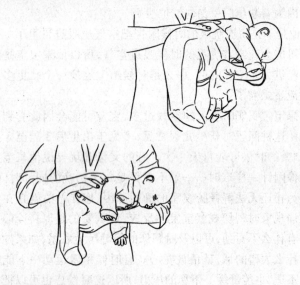

安抚奶嘴和吮拇指

所有的宝宝都爱吮吸这个动作。所以在您喂完奶之后,宝宝还会含着您的乳头吮吸一会儿。如果您的宝宝有这样的习惯的话,您一定要帮他戒掉,否则您的乳头会被他咬疼甚至开裂。您可以让宝宝吮吸他自己的大拇指或者是给他一个安抚奶嘴。

安抚奶嘴:

■ 安抚奶嘴的使用很方便,您可以在任何时候把它从宝宝口中取出来。

■ 安抚奶嘴能避免宝宝在婴儿床上窒息(详见下文)。

■ 好的安抚奶嘴不会覆盖宝宝的整个唇部,在安抚奶嘴周围应该有一些透气孔。

■ 如果宝宝是母乳喂养的话,请在母乳喂养习惯建立至少1个月之后再给宝宝使用安抚奶嘴。

■ 在宝宝6个月至1岁,应逐渐让宝宝离开安抚奶嘴。

■ 不要在安抚奶嘴上沾任何的甜食。

■ 像给奶瓶消毒一样为安抚奶嘴消毒。

■ 如果宝宝睡着之后把安抚奶嘴吐了出来,不用把它塞回宝宝的嘴里。

■ 如果宝宝拒绝使用安抚奶嘴,千万不要强迫宝宝。

■ 如果宝宝使用安抚奶嘴的时间过长,可能会造成日后的口腔问题。

■ 如果宝宝总是吮吸安抚奶嘴而不愿牙牙学语的话,那么宝宝开口说话的时间可能会推迟。

许多父母或保姆都不喜欢看到宝宝长时间含着安抚奶嘴。但是婴儿死亡研究基金会(FSID)的一项最新研究表明,含着安抚奶嘴入睡的宝宝在婴儿床的死亡率要比那些没有使用安抚奶嘴入睡的宝宝的死亡率低。不过迄今为止专家们仍然没有给出合理的解释。

在购买安抚奶嘴时,应选择最新款式的,有最佳安全保护措施的。现在市售的安抚奶嘴有明确的年龄段区分,所以应当根据您宝宝月龄来购买。宝宝月龄越大,嘴越大,安抚奶嘴的尺寸自然应该越大。现在的安抚奶嘴上布满了小透气孔,整体形状设计成蝶形,方便覆盖宝宝的上下嘴唇,整个奶嘴是中空的。这样的设计防止因宝宝意外将安抚奶嘴整个放入口中而被噎住。不要用线把安抚奶嘴套在宝宝的手上,这样宝宝可能会把线绕在自己的手上引起意外。安全的设计良好的安抚奶嘴是没有这样的孔供您拴一根线的,有的安抚奶嘴上有一个小小的夹子,方便您把它夹在宝宝的衣服上。

吮拇指：

■ 如果宝宝喜欢吮吸的不是安抚奶嘴而是自己的拇指的话，那么到了需要帮他戒掉这个习惯的时候，您需要更大的耐心。

■ 宝宝的手指再干净，也不可避免会有一些细菌。别担心，这正好有助于宝宝构建自己的免疫系统。

■ 没有研究表明含着拇指睡觉的宝宝在睡觉时意外死亡的几率比一般宝宝低。

尿　布

您可以按照自己的喜好为宝宝选择尿布，可以是一次性的，也可以是能洗净后反复使用的。选择的时候只需要考虑您家的具体情况就行了。两种尿布都有各自的优点和缺点，有人赞成用一次性的，也有人赞成使用可反复使用的。如果洗尿布让您觉得简直是个梦魇的话，您可以在附近找一家专门清洗宝宝尿布的洗衣店。如果您不想花太多的钱给宝宝买一次性的尿不湿，那么圈圈绒布或者其他天然织物都可以用来做尿布。其实不管您怎么给宝宝穿尿布，或者宝宝的尿布是怎么垫上去的，区别都不大。

诺兰尿布注意事项：

■ 换尿布之前要先洗手。

■ 在旁边放一盆温热水和一些棉球，不过要注意放的位置，要就在手边方便取用，但是又不能在宝宝能够踢到或者用手抓到的范围内。

■ 在手边方便的位置放一个袋子或小桶，专门装换下来的尿布。

■ 让宝宝面朝您仰面躺着——这样您能随时观察到宝宝的情况，不至于发生什么突发情况让您手足无措。

■ 把脏尿布换下来的时候，顺手用尿布前端干净的地方帮宝宝擦擦屁股，记住要从前往后擦（如果是男宝宝的话，您可以在给他换上干净尿布之后,暂时不要把尿布完全捂上,让尿布只遮住他的"小鸡鸡",让"小屁屁"在空气里晾晾,宝宝会非常享受没有尿布束缚的感觉)。

■ 把换下来的尿布卷起来放进尿布袋或者是小桶里(如果您使用的是可清洗式尿布,要先把上面弄脏了的一次性衬垫部分取下来扔掉,然后再把尿布放进桶里)。

■ 用棉球蘸水清洗宝宝的"小屁屁",也是从前往后洗,不管是男宝宝还是女宝宝都如此。一定要仔细清洗,确保宝宝"屁屁"上的每一处都洗到了,不放过每一道褶皱。

■ 清洗的时候不要把男宝宝的包皮翻起来清洗,在清洗女宝宝的外阴的时候也不要洗得太深入。否则或多或少会将细菌带入宝宝的生殖器。

■ 如果一个棉球不能洗干净的话,换一个棉球接着洗,直到洗干净为止。

■ 用一张干净的毛巾擦干宝宝的"小屁屁"。

■ 让宝宝躺在换洗台上随心蹬蹬小腿。

■ 如果发现宝宝的"小屁屁"上有红疹,可以给宝宝擦点护臀霜(诺兰不建议您使用爽身粉,因为爽身粉吸收的是宝宝皮肤内的油脂,但是却无法吸收宝宝"屁屁"上的水分)。

■ 用一只手轻轻提起宝宝的双腿,同时用另外一只手把干净的尿布垫在宝宝腰部下面。

■ 最后把尿布给宝宝穿好,记得前腰和后背处都要留够余地,不能刚刚包住"小屁屁"(有些宝宝就是喜欢穿高腰的东西,特别享受尿布包住腰部的感觉)。

■ 要记得让男宝宝的"小鸡鸡"朝向下方,这样他尿尿的时候才不会把腰部尿湿。

■ 把尿布腰部的松紧贴贴好,或者用其他东西固定好。

■ 把宝宝放在床上或者地上,确保安全。

■ 最后记得洗手。

诺兰金科玉律

　　给宝宝换尿布的时候您自己最好不要围羊毛围巾,也不要穿羊毛衣服。羊毛织物容易藏污纳垢,很不卫生。最好在您衣服的外面穿一件塑料围裙,把衣服罩起来,以免给宝宝带来健康隐患。

织物尿布

　　现在的尿布不再是老式的那种圈圈绒的小方巾了,市面上有许多款改良尿布。这些新式的尿布都不再有带子了,而是自带魔术贴。您可以先多看看,然后再挑选出最适合您宝宝的那一款。您可以为宝宝准备一些一次性的尿不湿以供外出之用,在家的时候就给宝宝用可换洗的尿布。

　　要是一本育儿书不介绍该怎么叠尿布的话,这本书就不合格。搞不好您哪天突然发现家里的一次性尿不湿居然用光了,没办法只有用家里现成的小方巾自己叠一块尿布先给宝宝用着,然后才能赶紧冲到超市去买尿不湿。

诺兰金科玉律

　　在洗宝宝衣服和防水尿裤之前,一定要记得先把上面的魔术贴粘合起来,否则魔术贴上会粘上其他衣服上的绒毛的。

怎样叠尿布

　　将用做尿布的方形布放平整,拉起左右两边的角往中间叠,折成风筝形状。将上下两个角分别往正中心叠。

　　给宝宝垫尿布的时候最好让宝宝的小屁屁刚好位于尿布的正中,然后再用尿布安全贴固定好。在用尿布安全贴的时候记得要横着贴不要竖着贴,这样即便安全贴脱落,也不会戳到宝宝的小肚子。

换洗随身包

　　诺兰建议您在为宝宝外出准备的换洗随身包里放:
■ 6 片尿不湿(如果使用可清洗的尿布,要记得带 6 张尿布衬垫)
■ 1 小管护臀霜
■ 湿巾(用来清洁宝宝的"小屁屁"和您的手)
■ 免洗洗手液
　　为了避免在临出门时才发现随身包还没有准备好或者里面缺少必备物品的尴尬情况,建议您养成每次外出回家后就及时将随身包内已使用的物品补足的习惯。随身包最好放在离家门口比较近的地方,这样您下次外出的时候就真的能抱着宝宝,抓起包包,关门就走了。

沐浴时间

对很多新生宝宝而言,沐浴就是入睡前的清洗和抚慰放松。在宝宝刚出生的头几个月,您其实并不需要每天都给宝宝洗澡,因为对新生儿而言,洗澡频率并不需要这么高,而且宝宝也不喜欢被脱光了晾着的感觉,他会觉得冷,您可以等到他稍微大一些了,能够自己维持自己的体温了,再开始每天都给宝宝洗澡。大多数的宝宝是会渐渐爱上洗澡的,而且一旦宝宝可以无需外界扶助自己坐稳时,宝宝洗澡的时候就要开始挥着小手、踢蹬小腿把地上溅得到处都是水花了。

给宝宝洗澡的浴缸可以是宝宝专用的,您当然也可以让宝宝在您洗澡的浴缸里洗,只要您把宝宝放进浴缸里,可以方便地够着宝宝就行。一旦开始洗澡,宝宝浑身就会滑滑的像条鳗鱼一样,所以您一定得牢牢保护好他。不管您用多大的浴缸,洗澡的方式都是一样的:

■ 首先要确保浴室是温暖的。

■ 先往浴缸里注冷水,然后在加入热水至合适温度,水深在5厘米左右即可。

■ 用您的手腕内侧测试浴缸内水的温度。

■ 将宝宝的毛巾、润肤霜和干净衣物准备好,放在您方便取用的地方。

■ 取下您佩戴的首饰和手表。

■ 脱下宝宝的衣服并用毛巾将宝宝裹起来。抱稳宝宝,让他的头枕在您的臂弯处,整个身体靠在您的前臂上(在给宝宝洗头的时候暂时不要取下他的尿布)。

■ 先为宝宝洗头。用您另外一只手或者是一个小的容器舀水起来给宝宝淋湿头发,注意不要让水溅入宝宝的眼睛。新生婴儿不需要用任何洗发香波,除非您的健康顾问建议您使用香波帮宝宝去除头上的胎垢。

■轻轻擦干宝宝头上的水,小心他头顶未闭合的囟门(宝宝头顶一块软软的,头骨尚未闭合的地方)。

■等宝宝头发干了之后,就把裹在宝宝身上的毛巾取下,脱下他的尿布,小心地把宝宝放进水里,记住动作一定要缓缓的,给宝宝足够的时间来适应水温。

■依然让宝宝躺在您的手臂上,头枕着您的臂弯。你的手臂应该能够环绕着他,能握住他的小手。

■新生宝宝洗澡是不需要用沐浴露的,您只需要用温水不停地淋在他身上就行了。等您对整个宝宝洗澡过程都熟练了之后,您也可以让宝宝翻过来,让他在浴缸里模仿游泳的动作踢蹬踢蹬。

■不论发生什么情况,不管浴缸里的水多么浅,千万不能让婴幼儿独自一人洗澡。

■如果要往浴缸里加热水,加热水之前一定要先把宝宝暂时抱出浴缸。

■洗好之后就把宝宝抱出来擦干。给他擦身体的动作一定要轻柔,尽量用轻轻按压的方式,不要用擦拭的方式。

■确认宝宝身上每部分皮肤都干爽之后就立刻给宝宝穿上衣服保暖。

> **诺兰金科玉律**
>
> 　　如果您一直把宝宝的衣服放在暖气片上暖着,千万要小心宝宝衣服上的扣子。这些部分很可能是金属材质的,在暖气片上可能会烤得很烫。所以在给宝宝穿衣服之前要先检查扣子这些部分的温度。

如果您碰巧不是在家里给宝宝洗澡,而现有的浴室温度又不够高的话,建议您先给宝宝洗身体,最后再洗头。这是因为宝宝的热量大部分是靠头部流失的,要是宝宝的头发湿着就给宝宝洗身体的话,宝宝很难保持体温。

并不是所有的宝宝都喜欢洗头。如果他很不喜欢洗头的话,您可以将洗头洗澡分开,这样的话他就不会把洗头和洗澡联系起来了,也就不会抗拒洗澡了。

关于宝宝脐带的护理方式,各地不尽相同。不过有一条最重要的建议就是要保证您宝宝脐带的清洁干爽,用柔软清洁的布和凉白开水温和清洗。有些健康专家建议往宝宝身上的脐带残留部分撒一种婴儿用抗菌粉。当然,各地的护理方式不同。最好能在您出院带宝宝回家之前向您的助产士咨询。要是您注意到脐带有任何分泌物,流血或者是任何不正常的味道的话,一定要及时向您的健康专家咨询。

随着宝宝一天天成长,他越来越好动,就是临睡前洗澡时也可能会脚不停手不住。这个时候您或许想给他试试泡泡浴,他可能会想一边洗澡一边玩玩具,比如可以用小杯子舀水玩啊,把橡皮小鸭子也放进去跟他一块儿洗。一定要注意您为宝宝选的沐浴露是"无泪配方"的,这样就算是不小心弄一点进眼里也不会伤害到宝宝的眼睛。

如果您家的浴室或者是婴儿房温度适宜的话,宝宝洗澡后还可以享受一会儿按摩抚触。只是一定要确保宝宝身体的温暖,因为宝宝自身是不太能够维持自己的体温的。如果您愿意的话,按摩完也可以再给宝宝洗洗,这样可以检查一下宝宝身上的皮肤有没有因为按摩而出现任何的皮疹或过敏反应。

等宝宝稍大点之后,如果您愿意的话就可以跟宝宝一起洗澡了。这样您和宝宝就可以有一段非常愉快的亲子时光,而且宝宝也会逐渐学会如何正确面对家人之间的身体裸露。

我们建议您在给稍大的宝宝洗澡的时候慢慢教会他一个规矩——别碰浴缸的水龙头。越早告诉他这个规矩越好,这样能有效避免他日后乱动水龙头引起烫伤,或是让家里被水淹没。

身体局部清洗

当宝宝还小,不需要每天洗澡时,平时您可以帮他分别清洗身体的各个部位,也就是说洗脸,洗手,洗屁屁。清洗脖子和耳后的皮肤能够及时去除宝宝喝奶时流下的奶渍。

■ 您先洗手。

■ 将凉开水倒入干净的盆子里。

■ 取一张干净的纯棉毛巾在盆子里蘸一下水,如果需要洗眼睛的话,先给宝宝洗眼睛,温和地从内眼角向外眼角方向清洗。

■ 这张用过的毛巾不能再次重复使用了,另取一张干净的毛巾,用同样的方式洗另一只眼睛。

■ 用干净的棉球蘸水擦拭他的脸、颈部、耳后皮肤和双手,注意每个棉球只能擦拭一次,完成整个清洗需要多个棉球。

■ 用同样的方式将棉球蘸水清洗宝宝的"小屁屁",每个棉球均不能重复使用,需要特别注意他"屁屁"上的皮肤褶皱,当然,跟换尿布时的注意事项一样,不要将男宝宝的包皮翻上来清洗,也不要深入女宝宝的会阴进行清洗。

诺兰育儿规则:

■ 外出时穿的鞋子不能穿进宝宝房。

■ 长发需要扎起来。

■ 将指甲剪短并保持手指清洁。

■ 不能佩戴戒指、手表和手镯。

■ 不能佩戴长款耳环或项链。

■ 每天都要清扫一遍婴儿房,清扫时要注意洒水,避免扬起灰尘。

■ 每天要给婴儿房通风换气,并注意晾晒婴儿床。

诺兰育儿机构所有的保姆都受过严格训练,知道在每天早上的例行功课中都要复习一遍所有这些育婴规则。想想可能会觉得有点过了,但是要求育婴人员均不佩戴任何首饰的原则是基于对您和宝宝双方的安全考虑,小宝宝总是喜欢拉扯。剪短指甲,将头发扎起来则都是出于卫生考虑,同时也是为了防止长指甲不小心划伤宝宝皮肤,也防止您脱落的头发缠住宝宝的手指。在打扫婴儿房的时候要先洒水并将抹布润湿,每天都需要将婴儿房内所有物品的表面都清扫一遍,但是不要使用家具光亮剂。给婴儿房通风,晾晒宝宝床都是为了宝宝的健康着想,所以当您在沐浴而他安全地呆在您身边的婴儿车或者婴儿提篮里面的时候,将他婴儿床敞一下,同时打开婴儿房的窗户换气。

打理宝宝的个人卫生

定期为宝宝打理个人卫生,能够让您的宝宝一直都漂漂亮亮、健健康康的。随时注意他的手指甲和脚趾甲的长度。在宝宝刚出生的头几个月,宝宝指甲的生长速度和他身体的生长速度一样惊人。所以有必要为宝宝准备一把圆头指甲剪。在宝宝洗澡之后指甲会比较软,此时修剪会相对容易。为了确保安全,您最好能温和地用拇指和食指夹住宝宝待修剪的手指或脚趾,用手轻轻将宝宝的指腹压住,这样能够让您不至于剪得太深而伤害到宝宝。记住每次给宝宝剪指甲的时候都要小心谨慎,慢慢您就会熟练的。

没有必要用棉棒清洁宝宝的耳朵。正常情况下您不能够将任何东西伸到宝宝的耳朵或鼻子里面。如果宝宝的耳朵或者鼻子真的需要特别清洁一下的话,建议您使用一块方巾,将方巾一角用水浸湿后进行清洁。

宝宝头上的胎垢

宝宝头上的胎垢很常见,对宝宝的健康也没有什么影响,多见于新生儿,在宝宝两岁之前都可能会存在,之后会慢慢消失。这个东西其实没有什么好担心的,但是如果宝宝长到几个月了都还没有任何消退的迹象,甚至是越来越多,您可以咨询您的婴儿健康顾问。要想让这些胎垢慢慢消退,您可以每天用干净的温水给宝宝洗洗。您也可以在宝宝入睡前用无香的婴儿油或者是橄榄油按摩宝宝有胎垢的头皮。这样做能让胎垢慢慢脱落,然后您可以用一把软软的婴儿刷轻轻把它们从宝宝的头皮上刷下来。也可以使用一些配方温和的婴儿香波,但是不建议使用以花生油为基底的配方。如果您觉得宝宝头上的胎垢出现了红肿或者感染的现象的话,最好还是咨询医生的意见。

给宝宝刷牙

第一次给宝宝刷牙算得上是宝宝成长中一个里程碑式的重要时刻。您应该在看到宝宝牙床开始露出一丝白色,也就是宝宝的小牙牙刚刚开始萌出的时候,就开始给他清洁口腔了。宝宝全套 20 颗乳牙大概需要 2 年半的时间才能全部长出来,但是您越早开始给宝宝进行口腔护理,宝宝的牙齿发育也就越好。在选择牙刷的时候一定要选软毛的,而且和牙膏一样都要选为宝宝年龄段特制的。市面上的牙刷和牙膏有专门为刚萌发出第一颗乳牙的宝宝设计的,有为 0 ~ 6 个月龄宝宝设计的,有为蹒跚学步的宝宝设计的,非常专业。使用的时候挤出豌豆大小的牙膏在牙刷上,温和按摩宝宝的牙齿和牙床。您可以抱着他让他坐在您腿上,靠在您的胸前,您用手托住他的下巴这样来保证宝宝刷牙时的安全。当然要防止宝宝吞咽牙膏,最后还要用清洁的冷水漱干净。

诺兰金科玉律

您抱着宝宝上下楼的时候,千万不要同时用另外一只手拿其他的什么东西。因为您一只手要一直牢牢抱着宝宝,另一只手要扶稳楼梯扶手。

哭 闹

宝宝只要一哭起来,不管是爸爸妈妈还是保姆阿姨,都会觉得烦。其实宝宝哭是想告诉您,他有什么地方不对劲了,自己又解决不了。您最了解自己的宝宝,所以您应该知道如果他哭闹的话,到底是因为不想洗澡,还是因为不想穿衣服。您应该在第一时间条件反射般明白宝宝哭闹的真正含义,在脑袋里想想宝宝可能因为什么哭闹,然后再找找别的什么原因。

宝宝哭闹原因排行榜:

- 饿了
- 渴了
- 太疲倦了
- 太冷或太热了
- 觉得无聊了
- 身子下面的那些毯子垫子之类的东西不平整硌着了
- 肠绞痛犯了
- 身子下面是不是压着什么东西了,或者是身子卡在什么里面了
- 发烧了

如果您把上述可能的原因都检查过了,但是宝宝还是哭个不停,您要先分散他的注意力。可以给他个玩具,给他唱首歌,给他做个鬼脸,或者就抱抱他。年幼的宝宝要哭闹是非常正常和自然的事情,他们就是用哭闹来跟成人交流的。不过,如果您真的觉得他之所以哭闹是因为身体哪里出现了严重的问题,那么赶紧找医生寻求帮助。如果您忙得不知所措,那么放轻松,先喝口茶,喘口气。要是您真的觉得对付不了了,就可以找人来帮忙。

睡　觉

　　家里新添了一个宝宝,这时对全家而言睡眠就是最重要的了。新生儿每天大概要睡 18 个小时左右,但是他晚上可能需要喝奶,这样您的作息时间会被打乱,您可能会觉得根本就没有休息到,所以您需要重新安排一下您的作息时间。

　　新生儿会按照自己的需要想睡就睡,饿了就醒过来喝奶。一晚上可能会醒两三次要奶喝,每次大概要花您 1 个小时左右,因为您不仅要喂他喝奶,还要给他换尿布,然后再次入睡。这样一来,您白天就需要补瞌睡,这样才能保证身体健康,好好照顾宝宝。所以建议您在白天宝宝睡觉的时候,让他睡在轻便婴儿床或婴儿提篮里,然后放在您的起居室,你自己也打个盹儿。您千万不能亲昵地抱着宝宝在沙发上或者在圈椅上一起睡着了。您要知道,这样做的话,要是您累得实在不行了,您会睡得很死的,这样宝宝可能在您不知情的情况下摔到地上,要不然就是被您的体温给烤坏。对宝宝而言,最安全的地方还是地上他的轻便婴儿床或者是婴儿提篮。这样您也能休息得更好。也许您会觉得宝宝睡觉的时候您应该冲到厨房里去做饭啊,洗洗涮涮啊,帮他处理用过的瓶瓶罐罐啊。有时候您这么做是对的,但是一定要给自己留够休息时间。记住,您也需要充足的睡眠。

安全睡眠

　　您把宝宝放进他的轻便婴儿床或婴儿篮中睡觉的时候,一定要遵循两个原则:一是要让宝宝的头睡在床头的方向,脚朝着床尾的方向;二是要让宝宝仰卧。不能让宝宝的头睡在婴儿床的床尾方向,因为只有宝宝头睡在床头方向才能够保证宝宝睡眠时头部空气流通较好,更重要的是,这样宝宝睡觉时就不能在毯子下面动来动去,甚至把整个毯子掀开了。宝宝睡觉的时候一定要仰卧。等宝宝稍大点之后,他睡觉时会翻身,但是在他能自己翻身之前,一定要帮他保持仰卧的睡姿。有研究表明,宝宝以仰卧的睡姿,头睡在床头的方向,脚朝着床尾的方向,这样能有效降低婴儿猝死综合征(SIDS)的发生率。宝宝的安全睡眠是您每天都不能忘记的例行功课。

给宝宝铺床:

■ 床垫上要铺上床垫罩

■ 在床垫罩上面再铺上尺寸合适的床单

■ 把床单四个角都压进床垫下

■ 平整床单后在上面铺上纯棉或棉毛混纺的小毯子

■ 将毯子的边角也塞进床垫下

■ 留出1个小毯子角翻过来,让宝宝从这里睡进他的被窝里

请注意,1周岁以下的宝宝是不适合使用枕头、棉被或羽绒被的。您可以按照季节变化有意识地给宝宝增减寝具:夏天就让宝宝穿着连体衣睡觉,上面盖一层薄薄的棉布就够了,冬天冷的话可以盖两床毯子。要随时通过室内温度计留心宝宝房的温度,注意不要把屋子弄得过暖,特别是冬天整夜开着中央空调的时候。

新生儿适合穿着连体衣睡觉,盖一层薄薄的亚麻毯子,头上不需要带帽子或者用其他什么东西盖上。有些家庭让宝宝用睡袋,这种睡袋有点像粗布的工作服的款式,肩部有拉链或暗扣来连接睡袋的袖子部分和主体部分。睡眠安全专家推荐我们给宝宝使用睡袋,是因为这样宝宝就不会掀开被子着凉,也不会缩进被子里引起窒息危险。但是睡袋也有一个缺点,就是对于较大的宝宝而言,如果他睡梦中觉得热的话,可以自己从盖的毯子里爬出来一点,但是如果用睡袋的话就没办法了。所以建议您在热天或者宝宝发烧的时候暂时停止给宝宝使用睡袋,等到天气凉下来或者宝宝康复之后再使用。一旦宝宝能够在毯子下面翻身,能够掀被了,那么他就能够根据自己睡梦中的温度感觉来决定要不要把被子掀开一些。

睡袋有不同的暖度,您在购买的时候一定要根据季节来选择暖

度合适的睡袋,同时记得选天然材质的睡袋。在天冷的时候,您可以给宝宝穿长袖的连体衣,然后再给他穿上睡袋。不过一定要先看看睡袋的使用建议,同时注意屋内的温度。

半岁之前,宝宝最安全的睡觉地点就是您床旁边那张婴儿床。您可以把他抱到您的床上喂奶,哄他睡觉,但是他睡着之后一定要把他放回婴儿床。千万不能把宝宝抱在怀里睡着。您在睡梦中可能会翻身,这样会压着宝宝。而且宝宝跟您睡在同一个被窝里会过热。

诺兰安全睡眠须知:

■ 要让宝宝的头睡在婴儿床头的方向,脚朝着床尾。

■ 要让宝宝仰卧。

■ 婴儿房的温度保持在 18 ~ 20 ℃。

■ 随时保证婴儿房的清洁。

■ 宝宝睡觉穿的衣服要根据季节和宝宝的年龄及时调整。

■ 根据英国婴儿死亡研究基金会(FSID)的建议,您可以给宝宝一个安抚奶嘴帮助他入睡。

至于晚上谁该起来照顾宝宝,这个取决于谁一大早起来照顾宝宝,大家可以轮班,这样保证不会总是让一个人受累。当然如果是母乳喂养的话可能会稍麻烦一些,不过您也可以选择在夜里给宝宝喝配方奶,或者是睡觉前先把奶挤出来放好,晚上就可以交给其他人来喂宝宝了。这里要强调一下,在宝宝还没有完全适应母乳喂养之前最好不要让他喝奶瓶。

因为晚上要给宝宝喂奶、换尿布,所以您需要把您的卧室重新布置一下。在您就寝前,一定要先确定已经将换洗垫铺好,上面放着干净的尿布,旁边准备好了宝宝洗屁屁用的棉球和一小壶温水。同样的道理,如果您是给宝宝喝配方奶的话,您还要准备好适量的奶粉和温水,这样晚上宝宝饿醒之后您就能很快地把水和奶粉兑给宝宝喝。有的爸爸妈妈说晚上他们闭着眼睛都能给宝宝换尿布,根本不需要做什么事前准备。诺兰可不建议您这样做。让您睡前就把东西都准备好,是为了让您和宝宝在完成所有程序之后,能在最短的时间内重新睡着。

宝宝稍大点之后,就会更好动,白天睡眠时间会减少,醒着的时间会做各种各样的动作。这样宝宝夜晚醒来的次数会减少,您夜间睡眠会更好,白天也就不那么困了。等宝宝长到差不多 6 个月的时候,您就可以有意识地培养宝宝的作息时间,这样会对以后有好处的。(培养宝宝作息时间的小贴士参见第三章。)

诺兰育儿机构的保姆都会尽量保证让宝宝呼吸的是新鲜空气(也包括宝宝白天睡觉的时候)。白天您可以让宝宝在他的婴儿车里睡,当然同样要保证宝宝是仰卧的,头睡在婴儿车的车头,脚朝向车尾,还要随时注意宝宝的温度和安全。通常宝宝在户外睡在婴儿车里会睡得更好——不过如果有雾或者天气不好的情况下还是不适合这么做。您需要给宝宝的婴儿车上罩上防动物的罩子,以免猫狗之类的小动物趁您不备爬进婴儿车里。夏天最好把婴儿车推到阴凉的地方,如果实在不行的话也要给婴儿车准备一把遮阳伞。要是宝宝睡醒了,就让他躺着欣赏一会儿蓝天白云,红花绿树。这对宝宝而言,也是一个寓教于乐的好时机。

可能会有一些育儿机构建议您给婴儿房挂上遮光帘,特别是夏季,天亮得早。我们不建议您这样做。您不希望把宝宝变成一个睡觉时听不得一点动静,见不得一丝亮光的人吧?您希望宝宝能够不分时间,不分地点,只要想睡就能睡着。所以,如果宝宝睡着了全家人就得蹑手蹑脚的,甚至不准冲厕所,不能看电视,这种养育方式从长远来看是无益的。宝宝睡觉的地方应该安静,但是家里其他空间的生活还是要正常进行下去。

诺兰金科玉律

如果宝宝病了，睡觉时会咳嗽，还有些鼻塞，那么您可以试试给他用薄荷精油。您可以滴一两滴薄荷精油在一块小方巾上，然后把小方巾放在宝宝床单下面。这样既能避免精油直接接触刺激宝宝幼嫩的肌肤，同时其作用又能得到有效发挥。

睡眠问题

一旦宝宝长到 6 个月左右，他就能整夜安睡直到天亮了。不过时不时还是会出现一些状况，让宝宝不能整夜安眠。要正确看待这些状况。有可能是因为宝宝正在急速生长，他被饿醒了。也有可能就是"正在经历某种易醒的阶段"。不管是什么原因，有一条您要记得，宝宝是不会捉弄爸爸妈妈的，他哭了，一定是因为有什么地方不对劲了。您可以参见我们列出的宝宝哭闹原因排行榜，逐条排除，解决问题。要是您的宝宝睡不安稳的话，您一定要先咨询健康顾问，然后根据他给您的建议再给宝宝用药。

不管宝宝只是偶尔哭一下，还是这几天晚上都哭，甚至是长期的每晚都要哭几次，您都要及时地处理，不能不管，要知道，越早着手检查宝宝到底哪里不对劲，您就能越快地解决问题。我们不建议您把任何睡眠规则之类的东西用在宝宝身上，不管他，让他自己哭累了睡着，这样的做法已经过时了。您一定要知道，如果宝宝夜里睡得好好的，突然哭着醒过来，一定是他有什么地方不对劲了。其实不只是宝宝，孩子在上学之前，如果夜里突然哭闹的话，都不会是无缘无故的。您一定要给宝宝安慰，可以先给他喝点奶或者喂点水。然后在他的小床旁边待上一会儿，让他再度睡着，之后再轻轻溜回您自己的卧室。如果您怎么安抚都不起作用的话,可以把宝宝抱起来让他暂时睡到您的床上,等他睡着了再悄悄把他放回小床。不管怎样,爸爸妈妈也需要良好的睡眠啊。如果您能很快找出宝宝哭闹的原因,那就不要把宝宝抱到您床上跟您一起睡了,这不是个好习惯。

如果您的宝宝上半夜一直睡得好好的,到了下半夜就自然醒来,您可以想想是不是宝宝白天睡得太多了?如果是这样的话,那么减少宝宝下午睡觉的时间,或者把他午睡的时间提前一个小时。如果宝宝半夜醒来要奶喝,但您确定他其实根本就不饿的话,您可以试着只给他一点点奶喝。这样慢慢的,宝宝就知道醒来不一定能够喝到奶。宝宝渐渐长大,开始越来越好动,也需要更多的锻炼来消耗他吸收的能量。您可以在他睡前用一个靠垫支撑住他,如果宝宝能自己坐稳的话就更好,然后让他玩些游戏,这也是一种锻炼。您可以给宝宝讲一个长长的故事,一边讲一边带着他做动作,也可以给他看一些跟故事相关的图片,让他度过睡前的时光。

总而言之,如果您的直觉告诉您,宝宝有哪里不对了,那么您可以按照诺兰宝宝哭闹原因排行榜进行排查,同时带宝宝去看医生。

长 牙

宝宝长牙的时候睡眠也不好。有些宝宝在出生前就已经开始长牙了,也有的宝宝满1岁了都没长出1颗牙。不管您的宝宝什么时候萌出第1颗牙,长牙的过程对您和宝宝而言都可能是段不太愉快的时间。一般来说,大点的宝宝都会因长牙而表现出不舒服,这个问题在第三章中将会详细讲解。

获得帮助

对有些家庭而言,睡眠不足已经成了一个困扰。如果是这样的话,建议您寻求帮助,千万别自己扛着。只消放您一个晚上的假,您就可以重新精力充沛,所以您可以向您的父母、姐妹或者朋友求助,请他们帮忙照看宝宝一两个晚上。等您安安稳稳地睡醒一觉之后，您会惊讶地发现您有多么放松。如果实在找不到人帮忙的话，您可以向月嫂求助。

月　嫂

月嫂简直就是深受宝宝睡眠问题困扰的家庭的福音。我们诺兰育儿机构中的许多保姆都是专业的月嫂，之所以叫她们月嫂，是因为她们从宝宝出生那一刻开始就开始为您的家庭提供服务了。如果需要的话，她们能从您出院之际开始陪同您和宝宝回家；有人只提供专门的婴儿夜间护理服务，这样爸爸妈妈就能够好好休息了。不论您家的月嫂是全天工作的还是只在晚上才负责照顾宝宝，训练有素的月嫂都能够给您专业的育儿建议，能够给您提供实质性的帮助，同时帮助您全家建立起一种新的生活模式。如果您正考虑要请一个月嫂的话，有下面一些问题需要考虑：

■ 您是需要一位全天住家的月嫂，还是仅仅白天或晚上才来工作的月嫂？

■ 您大概准备雇佣她多长时间？ 她会不会提出一个每周最少工作时间？

■ 除了照顾宝宝之外，她还愿意主动提供其他什么帮助？（有的月嫂还能帮忙照顾家里其他的孩子，有的能顺便做饭）。

如果您从生下宝宝的第一天开始就请了月嫂，那么之前一定是经过了精心地比较和挑选的，也应该跟月嫂详谈过如何合作的问题。不过月嫂机构也能在短时间内为那些被宝宝折磨得筋疲力尽的爸爸妈妈们找到一个合适的月嫂。

对于生了双胞胎、3 胞胎，甚至多胞胎的家庭而言，月嫂的帮助特别大。对于许多新添了宝宝的家庭来说，不管您家一次添了几个宝宝，月嫂在母乳喂养、人工喂养、清洁消毒、宝宝日常卫生、计划宝宝衣物用品等方面都有着非常宝贵的实用经验。

如果您真的决定要请一位月嫂了,那么当您亲自带着宝宝玩耍的时候,您可以让她帮着做点家务,不要不好意思。这些是她分内的工作。在诺兰育儿机构里有一位传奇月嫂,她不仅仅做了上述所有的事情,让人惊叹的是,在她雇佣期满离开之时,她将亲手做的美餐装满了整个冰箱。

所以,信心满满开始投入您的全新生活吧,是时候让您宝宝开开眼了,让他看看在他成为这个家庭的一分子之前,他的爸爸妈妈是怎样生活的。

第二章　诺兰必读之环球旅行

　　玛丽·波宾斯撑着一把伞，乘着东风飞到需要她的地方。不过在现实生活中，保姆们的交通工具都很传统，比如火车、飞机、汽车，或者快艇之类的。出门旅行要是带着保姆的话更能让您度过一个真正无忧无虑的假期。本章将告诉您诺兰是怎样做到让爸爸妈妈们带着宝宝也能享受完美旅行。您还将学到在漫长的飞行途中，或者汽车里、火车上该怎样让您的宝宝不感到疲惫无趣。所以，不管您的旅行计划是什么，是周末出去露营一次，还是要举家去攀登喜马拉雅山，读了这一章，您计划中的旅行就会如同您期待般让人难忘，而不至于让宝宝搅成地狱之旅了。

良好的开始是成功的一半

　　或许您曾经梦想过有这么一天，您带着自己的孩子们能一起去充满异域风情的肯尼亚旅行，一路上孩子们很兴奋，但是又带着对异国的某种难以名状的敬畏之情。等到您的宝宝真的降临之后，您就明白您的计划得改改了——虽然改动并不大。不过，有不少爸爸妈妈真的会带着孩子去环球旅行，穿越广袤的非洲，然后到冰天雪地的智利滑雪。当然，到底去哪儿，怎么去，去了怎么玩儿，都要看您是哪种父母，您为这次旅行准备了多少预算了。带着幼儿出门旅行真的很有挑战性,会让人压力很大。不过我们相信,只要您事先对旅行中可能出现的种种状况做好准备,那么带上宝宝也会为您的旅行增添别人所体会不到的快乐。而且如果宝宝从小就跟着爸爸妈妈到处旅行的话,那么他们稍大之后再次出门旅行,就会比同龄的孩子更能干更独立了。

要想让您的旅行完美,那么就要事先做好准备。根据我们以往的经验,您最好不要一个人制订计划,要让大家都参与进来,就连宝宝也要让他参与进来。第一步就是拿本地图册给蹒跚学步的宝宝还有家里大一点的孩子看,告诉您准备带他们去哪里。您可以让他们想象在将要去的地方会看到什么,然后让孩子们自己动手剪下这些图片。如果没有现成的图片的话让他们画也行,通过这样的方式绘制一张属于孩子们的旅行地图。这个准备工作轻轻松松就会花去几个小时的时间。如果您打算自驾游或者是搭乘火车的话,在地图上将沿途计划的用餐地点和上厕所方便的地点都标注出来。然后再告诉他们沿途会有哪些有趣的地方和好玩的城市,跟孩子们商量一下是否要在当地逗留。

给大一点的孩子准备专门的旅行包,或者是小背包,里面装上他们的书、玩具、便笺纸,还有蜡笔。鼓励孩子自己想想还要带什么东西——比如他们自己喝水的杯子啊,特别喜爱的泰迪熊啊。最后要让他们自己收拾行李。

帮助孩子们准备好他们的行李之后,您就该考虑一下您自己需要为马上面临的旅行做什么准备了。

诺兰魔法旅行包

玛丽·波宾斯出远门的时候永远都带着她的毯制旅行袋。我们并不建议您把什么东西都装进旅行袋里,您不需要把灯座和镜子都放进您的旅行袋里,但是我们知道对于即将开始环球旅行的爸爸妈妈而言,一个装备恰当的旅行袋是最基本的随身之物了。建议您把需要的东西以及宝宝需要的东西都装进去,这样等到了目的地之后,您和宝宝才能真正开始享受假期。一个训练有素的保姆或者是经验丰富的父母,总会事先收拾好行李,才踏上远行的旅程的。

诺兰旅行包必备物清单:

- 换洗衣物
- 大包装的湿巾
- 一瓶免洗抗菌洗手液
- 尿布
- 护臀霜
- 小毛巾
- 您和宝宝最爱的零食
- 安抚奶嘴
- 能封口的塑料袋
- 婴幼儿专用的扑热息痛
- 大披巾或者印度纱丽式的一片裙
- 您自己的备用衬衣
- 电源适配器
- 软布行李箱或枕套

换洗衣物

您需要根据孩子的年龄来决定给孩子准备几套换洗衣物,比如小宝宝一天可能就要换 6 身衣服,而大一点的孩子就换不了这么频繁。您可以给蹒跚学步的宝宝多穿几层薄衣服,这样外面的衣服脏了的话直接脱下来就行了。一定要让宝宝穿在最外面的衣服是干干净净的,实在不行的话可以把弄脏了的衣服穿到里面。充分利用吃饭、休息的时间给宝宝换上干净的衣服,这样能让您的宝宝每到一处,都是干干净净漂漂亮亮的。

湿　巾

我们都知道这个东西的重要性，其作用可远远不只是给宝宝擦擦"小屁屁"。尤其是那种抗菌湿巾，可是长途飞行的必备之物，既可以用来擦手，又能用来清洁马桶座圈。

尿　布

只有您自己才清楚宝宝一天到底要换多少张尿布。准备的时候要多准备一些，以防万一，这样不管是旅途过长、航班延误还是宝宝闹肚子，您都不会乱了手脚。不过如果您是自驾游或者是坐火车旅行的话，那么充足的补给就不成问题了，您随时可以停下来到附近的商店去补足旅行包里的存货。不过，要是您的宝宝对尿布的品牌非常敏感，换一种牌子的尿布就不舒服的话，您最好要事先查查看您的目的地是否有相同品牌的尿布出售，要先做好计划。

> **诺兰金科玉律**
> 　　如果您的宝宝已经能够在晚间自己定时起床尿尿了，要注意他在陌生的环境中可能会尿床，所以出门在外的时候还是给宝宝穿上"假期尿布"吧，这样能以防万一，然后再在床单上垫一层塑料的隔尿垫。

毛　巾

一张小小的擦手毛巾就可以担负起宝宝换洗垫的功能，也可以用来给宝宝擦汗，还可以给大一点的孩子在飞机上换睡衣的时候暂时充当一下屏障。

最爱的零食

如果您现在是挤奶出来装在奶瓶里喂宝宝喝,或者是直接给宝宝喝配方奶的话,那么记得要带够干净的奶瓶和奶粉。您可能会发现宝宝饿得不是那么快了,有时会溢奶,甚至不想喝奶,别担心,这是因为旅行打乱了宝宝正常的生活习惯。飞机上是会提供婴儿餐和儿童餐的,不过别指望您的宝宝真的会吃这些东西。所以您要提前准备,在宝宝出状况的时候能变戏法般从包里变出 1 块饼干、1 盒葡萄干或者是 1 个水果给宝宝吃。当然您事先得咨询航空公司,看您随身的客舱行李中是否允许带这些东西。

能封口的塑料袋

您是不是以为这些小塑料袋就只是用来给食物保鲜的?事实不是这样的。它们还能救命呢。如果谁被一口没充分咀嚼的三明治噎住了,那么这些塑料袋就能派上用场了。它们还能用来装散落得乱七八糟的乐高积木。在潮湿的丛林中,这些塑料袋能够变身成密封袋,用来装干燥的睡衣。如果飞机上的厕所里有人,而您那蹒跚学步的宝宝又等不及要尿尿,您可以用这个塑料袋来当尿壶。这种塑料袋密封性好,不漏水,不漏气还不漏味道,真算得上是旅行必备之物。

扑热息痛

在出门前一定要确定您包里装了婴幼儿专用的扑热息痛。因为在国外您可能一时找不到您信赖的那个品牌的止痛片,而且飞机上通常也不提供止痛片。

大披巾或者印度纱丽式的一片裙

这也是旅行外出的必备品。它可以用来帮你把宝宝背在身上,也能在宝宝睡觉时充当毯子的角色,或者遮在婴儿车上帮宝宝遮挡飞机客舱内的灯光,您还能用它来跟宝宝玩躲猫猫,如果孩子大一点了,就能变成孩子的小帐篷,如果是个女孩儿的话,要是身上的衣服不慎被打湿了,能马上用这个裹在身上当裙子。

电源适配器

如果您是带着宝宝自驾游或者选择乘坐火车的话,那么带着电源适配器就显得尤其重要了。只要您下车进餐馆吃饭,就可以使用旅行用的暖奶器和消毒器了;如果是坐火车的话,只要火车上有电源插座就可以了。对大一点的孩子来说,电源适配器让他们在枯燥漫长的旅途中,随时随地都能与他们的游戏机形影不离。

当然,带着宝宝旅行的首要原则就是尽量轻装上阵,把那些并不是随时随地都要用的东西放在大行李箱里。第二条原则就是在每放一件物品进您的随身旅行包之前,您都要想想,这个东西是不是必要的,是不是能充当几种用途。比如,一张手绢能变成一个手指布偶,还能变成玩具泰迪熊的降落伞,还能变成一顶遮阳帽。

> **诺兰金科玉律**
> 宝宝经常会弄得您自己一身脏,所以旅行时带上 1 件旧罩衣,或者 1 件男式的 T 恤,在飞机上穿在您外衣外面。下飞机之前再脱下来,这样在你走下飞机正式开始您的旅行的时候,您就是干干净净漂漂亮亮的了。

您最好每样东西都预备充足一些,因为什么意料之外的事情都可能发生,飞机有可能会延误,宝宝有可能会生病,还有可能将吃的东西弄得全身都是。如果是长途旅行的话,随身的旅行包最好选那种底部是正方形或矩形的,比如像保温袋那样的。这种包包就能很方便地放在您座位前下方的地上,而且里面的瓶瓶罐罐也不会倒。

您希望做到在整个飞行途中凡事都井井有条,仿佛机上也有一个保姆在帮助您一样。这样,您从下飞机抵达目的地的第一刻开始,就能享受度假时光了。想要做到这点,您还有一件必须要做的事情,就是出行前就要记得将您正式假期第一天会用到的所有的必需品,比如泳衣、太阳帽之类都装在您的手提行李箱内。这样做还有一个好处就是,哪怕发生了最坏的情况,您的行李因种种原因不能跟您同机抵达,也没有什么——您早就做好准备了。

所以,不管您选择什么样的交通工具出行度假,汽车,火车还是飞机,记住诺兰真言:未雨绸缪,做好准备,保持镇定,积极应对。现实总会与您的预期有些出入,不过还好,您孩子的一切都如您计划一样正常,您的旅行大体上也与您的想象一致。

航空宝宝——带着宝贝一起旅行

有些新手妈咪一想到带着宝宝一起出门旅行,脑袋就大了。其实只要您的方法正确,带着宝贝出游倒别有趣味。在您选择航空公司的时候,最好留心一下他们对婴儿的一些政策,有些航空公司的条件就要优厚很多。

诺兰航班问卷:

■ 您能随身携带哪些东西上飞机?

■ 航班工作人员一般怎么安排一家人的座位?

■ 航班上提供什么牌子的奶,婴儿餐具体有些什么食物?

■ 航班对非折叠式以及折叠式的婴儿车有没有什么限制?

■ 航班上提供什么客舱娱乐?

并非所有的航空公司都欢迎婴儿乘客。您最好别指望您在订机票时填写的所有信息能够顺畅地传达到了机场领取登机牌处的值机柜员那里。所以如果您不是乘坐头等舱的话，那么最好特别留心您的随身旅行包里的东西是不是符合航班要求。不要到时候有些东西被拒绝带上飞机。在向任意一家航空公司咨询的时候一定要问这个问题："我的随身行李中能够带哪些东西？"您在准备行李的时候所有后续问题都基于他们对这个问题给出的回答。

诺兰建议您尽量选择夜间航班，这样宝宝在飞机上的绝大部分时间都在睡觉。这个方法对那种不需要跨越太多时区的中途旅行特别好用。如果您的目的地需要您长途飞行的话，建议您在启程之前就开始慢慢调整宝宝的饮食起居时间。这样等真正到达目的地了，他们倒时差可能要轻松一些。

我曾为一个好莱坞的知名女星带宝宝。我曾带着她的宝宝往返于伦敦和纽约。我知道时区的变化意味着宝宝需要倒时差，所以在启程前一周我就开始给他做渐进式的作息时间调整。以午饭时间为例，刚开始推迟半小时，之后每天递增，到第7天左右差不多比正常午饭时间推迟两小时左右。晚饭时间和睡觉时间也用同样的方式进行调整。当然，这段时间要允许宝宝早上睡懒觉。等我们真正出发登机的时候，作息时间差不多跟我们将要到达的目的地一致了。我们每次出国呆上很长一段时间，回国之前，我也会用同样的方式帮宝宝调整作息时间。

——保姆维多利亚

预订客舱座位

如果您要带着宝宝旅行，那么事先通过网络预订好客舱座位是非常必要的。这样您在到达飞机场之前，就能确保您给宝宝选了合适的位置。如果您的宝宝不满两岁，那么通常会安排您坐飞机两个舱位之间，隔离挡板之后的第一排位子，有的航班还有飞机客舱专用婴儿摇篮，这种婴儿摇篮很接近您在家里使用的婴儿提篮。两周岁以上的宝宝就要坐和成人一样的座位了。所以您需要事先选择座位以便全家都坐在一起,当然换登机牌的时候您需要跟值机柜台服务人员再次确认。

给宝宝喂奶

如果您是母乳喂养的话,那么飞行中给宝宝喂奶就非常方便。如果您习惯挤出奶后再用奶瓶喂宝宝,或者是冲调配方奶喂宝宝的话,那么事先一定要准备足够量的干净奶瓶。如果是长途飞行,可以选用那种可折叠的一次性奶瓶。奶瓶消毒液是不能带上飞机的,所以在旅途中您只能选择用煮沸的方式给奶瓶消毒了。如果您需要给奶瓶消毒,一定要在得到客舱乘务员许可的情况下亲自到飞机厨房里看着。空姐可以帮您烧水,但是洗奶瓶的活儿还是应该由您亲自来做(用沸水消毒奶瓶的具体方法参见第一章)在到达目的地之后,您就不用这么麻烦了。用一个干净的大塑料瓶装上一些冷水用的消毒药片,需要的时候就可以用这些消毒药片来给奶瓶消毒了。

诺兰假期医药清单:

- 抗菌滴耳药
- 一小袋婴幼儿专用的扑热息痛液
- 止咳糖浆
- 湿巾
- 离您下榻酒店最近的医院地址
- 一张家人血型清单
- 接种证(如果目的地是热带地区的话)
- 呕吐袋或者是脏尿布收纳袋
- 宝宝专用的补液泡腾片
- 医疗保险单

注意:所有上述物品都要注意是否适合您孩子的具体年龄段,如果您的孩子稍大一些的话,也要让他熟悉上述所有物品。同时要事前咨询航空公司,确定到底什么液体能够随身携带进飞机客舱。

婴儿推车和折叠式婴儿推车

通常从值机柜台到登机口还有很长的距离要走,绝大部分机场及航空公司都会允许您到登机前最后一刻再托运婴儿车或折叠式的婴儿推车。您最好用一个专门的袋子把推车装好,并且在显眼的地方贴上标签以防意外损坏。

如果您乘坐的舱位是头等舱或公务舱的话,您就可以将婴儿车也带上飞机,之后请客舱乘务员将其放进飞机的行李架内,这样等您下飞机的时候,他们可以非常方便地取下来还给您。现在市面上有些折叠婴儿推车设计得非常好,折叠起来后的体积很小,能够装进一个帆布背包里。这样的话,您就可以很方便地把它带上飞机了,而且如果您是独自带着宝宝旅行,就更能体会到它的实用了。有了它,您在飞行途中就能腾出手来照顾宝宝。一下飞机您立马就能"变"出一个推车给宝宝使用。记住,到了目的地之后的第一件事情,是把折叠婴儿车打开,这样您就能在第一时间安置好宝宝,确保孩子们都安安全全的,然后放心地走到行李转盘处等候您托运的行李了。

诺兰金科玉律

如果您为宝宝随身携带了他最爱的泰迪熊玩具的话,请一定记得要在上面写上名字、电话号码和目的地。要是把他的玩具弄丢了,宝宝可不会善罢甘休的哦。

航空安全

如果这次旅行是孩子第一次坐飞机,那么处处都可能会出状况,您需要格外加以留心。在机场候机的时候,您就应该给大一点的孩子立好规矩,告诉他们只能在多大的范围内活动,当然,就算您给孩子说清楚了,也一定要记得一刻都不能让孩子离开您的视线范围。小孩很容易走丢,所以千万要留心他。如果孩子看起来兴致不高的话,您可以试着跟他们玩个有趣的游戏——假装他们是马,您是马车。通常孩子们都喜欢这个游戏,只要他们一开始玩了,他们的抱怨自然就停止了。

登机之后您需要做的第一件事情,就是检查宝宝乘坐的位置是否安全。诺兰建议您带着孩子乘飞机时一定要检查一下座位安全。因为飞机在两次航班飞行间隙中的清扫通常都不是特别彻底。孩子充满好奇,时时刻刻都在用他的小手四处探寻。他很可能在座位四周的缝隙或者是座位下面找出一个圆珠笔笔盖,一粒花生或者是一枚小小的硬币,趁着妈咪不注意,小家伙很可能一把将这些东西塞进嘴里,吞下去。因此,如果您不希望自己的宝宝在 3 万英尺的高空出现危险状况,最好一上飞机就把座位四周前前后后,上上下下都仔仔细细检查一遍。

让宝宝坐靠走廊的位置的话,他们可以随时起身,这样听起来仿佛挺方便的。其实对宝宝而言最安全的位置应该是靠窗或者是中间的座位。如果是坐在靠走廊的座位上,一旦孩子睡着了,或者不注意的时候身体往走廊方向倾斜了的话,那么客舱乘务员推的餐车,还有过往的旅客都有可能会撞到孩子。而且如果您坐靠走廊的位置的话,您就能决定什么时候让孩子站起来,什么时候让他们重新坐好,因为只要您不动,孩子是没有办法从您的位子前面通过的。还有一个好处就是不管是谁想要给您的孩子一颗糖,一杯热饮料或者其他什么您不太喜欢的东西,他们都得先靠在您的座位上,然后费力伸直手,探出身子才能递给孩子。如果您真的不喜欢他们这么做的话,您随时都能拒绝。客舱乘务员并不知道您家孩子的饮食禁忌和个人口味。另外,如果孩子觉得无聊了,他们要是正好坐在窗边的话还可以打开遮光板往外看看,这样可以给您足够的时间让您从随身的"魔术袋"变点儿小惊喜出来。

如果飞机在飞行途中出了什么问题的话,孩子坐在窗边反而能让您更迅速地帮助孩子安全撤离。因为如果飞机中途出问题,孩子一定都吓傻了,这时您还指望他能离开座位迅速杀出一条通道吗?他们的正常反应一定是回头看您,希望得到您的指示。这时如果您的孩子坐的是中间或者靠窗的位置的话就简单了,您只需要立刻站起来,拉起他们的手,让他们紧紧跟在您身后就行了。

旅行途中的作息

长途旅行很可能意味着您需要在飞机上过夜。如果是带着小孩子一起旅行的话,遇到这样的情况,最佳的解决方式就是继续按照他们正常的作息时间休息。吃饭之前先带着他们走到飞机厕所处,上厕所,洗手,然后走回座位,吃饭。晚餐之后,客舱乘务员会要求乘客落下遮光板。这时您可以带孩子去飞机上的盥洗室,让他们按照习惯进行睡前洗漱——洗脸、刷牙,然后换上睡衣。您还需要再多做些以往所没有的事情——说服他们该睡觉了。您可以给他们讲一个睡前故事,或者喝一杯热牛奶帮助他们入睡。第二天早晨,在早餐餐车到座位之前,您也需要像在家里一样完成起床后的例行公事。如果飞机上的早餐时间跟您孩子平时的早餐时间不太一致的话,您可以请乘务员暂时不送您和孩子的早餐,这样待会儿您可以和孩子们一起共进早餐。

诺兰金科玉律

宝宝要是去上厕所的话要给他穿上鞋子。长途飞行中,飞机上厕所使用频繁,地上会比较湿,要是孩子不穿鞋子的话会把袜子打湿的。

机场游戏及机上游戏

要是一切顺利的话,到达机场之后您会有条不紊地换登机牌,还有一些时间供孩子们到处逛逛,随意看看。虽说没有谁能够在制订计划的时候就把飞机晚点都写进去,但是您还是得做些准备以防万一。

机场游戏应该要容易控制,不要太吵。随身口袋里揣一两个气球就能给您和宝宝的候机时间带来无尽欢乐——您可以让刚刚会走路的宝宝去接气球,也可以用气球来跟大一些的孩子玩打排球的游戏。如果您家的孩子已是学龄儿童了,那么您可以给他玩 I-spy 游戏或者其他的填字游戏。

现在航班上提供的游戏通常都基于机上娱乐系统。如果您不希望您的孩子一连 2 个小时都在玩电脑游戏的话,您最好事先自己准备一些其他的娱乐项目。飞机上为大孩子准备的礼物包中通常有一个小本子,一些铅笔或者蜡笔,还有一些卡片。不过这些卡片多半都是些电影电视剧的副产品,所以您最好还是自己带。

如果您真的打算自己带点什么东西上飞机,供孩子打发时间的话,最好让每个孩子自己选一样东西,装在他们自己的帆布背包里,自己背上飞机。孩子们玩的游戏最好能在他们座位前面的小桌板上进行,类似乐高积木这种有许许多多小零件的玩具最好就算了,因为这些零碎的小部件很容易掉在机舱地板上,在每个座椅下方去捡这些东西会很麻烦。涂色练习书、铅笔、蜡笔、一个小本子、顶级王牌游戏等，都是一些轻便易携带的娱乐用品。还建议您多留一个心眼儿，藏一些东西——比如一个新玩具，几个手指布偶，一本故事书。放在您自己的随身手袋中，这样当孩子们因长时间飞行而变得没有耐性，开始发脾气的时候，您能变出点什么，吸引他们的注意力，控制住整个场面，撑到吃下一顿航餐。

如果您的孩子有5岁了，那么剪贴簿这样的东西能让他整个飞行途中都高高兴兴的。您可以在飞行前就在家准备这本剪贴簿，从旅行手册上剪一些图片和地图下来，用胶水贴在这个本子上。等到了机场之后，您的孩子就可以开始收集航班贴纸、行李标签、餐牌等任何可以吸引他注意力的东西，这些东西都可以让他粘在他的剪贴簿中作为他的旅行特辑。

我曾两次带着这些孩子去加勒比。我们出发之前就开始制作剪贴簿了，孩子们在旅行途中继续往剪贴簿里增添内容，他们什么东西都往上面贴，贴明信片，也贴海藻。在往返途中，我们几乎没有玩任何一样我事先为他们准备的玩具。要知道，单程旅行可需要整整9个小时啊。

——保姆维多利亚

在长途飞行中长时间静坐不动对身体不好，所以建议您带着孩子要时不时起来活动活动，您完全可以利用这个时间跟孩子们一起做个有趣的游戏。比如您可以带着他们在走廊里数数到底有多少排座位；或者考考他们的记性，问他们那个穿着红色套头衫的男士坐在哪一排；或者让他们数数此刻飞机上到底有多少个人在睡觉。要知道，孩子要是觉得无聊的话很容易睡着，所以您最好多带他们起来活动活动。

着陆到达

一旦您听到了飞机广播说开始着陆了,那么就可以开始收拾东西了。如果计划得当的话,您就可以直接走下飞机,乘车到酒店,放下行李开始真正的旅游了。诺兰育儿机构训练有素的保姆通常都会随身多带一个空的包装袋或者是枕头套。这是用来收拾残局的,您刚刚跟孩子在飞机上用过的所有的零散东西,玩具啦,脏衣服啦,瓶瓶罐罐啦,都能直接装进这个大口袋里。等您到了酒店,这个"零散口袋"就能跟您其他的行李一起放进您的屋子。您呢,就可以和您的家人一起,带着您出发前就装在随身手袋底层的泳衣和护目镜直奔游泳池啦。

> **诺兰金科玉律**
>
> 　　手边一定要随时备有一些可以啜饮或者是咀嚼的食物。婴幼儿在飞机起降时会特别不舒服,所以您可以事先准备一些饮料,或者是几片水果,在飞机起降的时候喂给孩子,这样能帮助孩子有效减轻气压变化带来的身体不适感。对不满周岁的宝宝,您可以让他吮吸安抚奶嘴,就算您平时很少拿这个给他用,在飞机起降这个特殊时刻还是有必要的,这样宝宝就不会耳朵疼了。

带着孩子飞行还要留心其他的乘客。有些乘客特别不愿意跟孩子坐在一起,他们会抱怨孩子太吵,挨着孩子坐太麻烦。所以建议您上了飞机就早点给周围的旅客介绍一下您的情况,事先告诉他们您家的"小旅客"可能在飞行途中会给他们带来一些额外的困扰,比如说孩子会踢踢椅子啊,在飞行途中会突然哭闹啊。当然即便是您这样做了,也会有人不高兴,但是做了总比不做要强,大部分人还是会表示理解的。

空陆联程旅行

您如果不幸没能把宝宝的汽车安全座椅带上飞机,而下了飞机到了目的地之后会在当地租一辆车四处游览,那么请事先跟您选定的租车行确认,您租的车是否有适合您宝宝年龄段的专用位置。

如果您能够托运您宝宝的汽车安全座椅的话,一定要在外包装上再多套一层结实的塑料布,然后再交给机场托运;另外需要注意的是,在您预订机票时就要先通知航空公司您要托运汽车安全座椅。

自驾旅行须知

自驾游是全家长途旅行最常见的方式。前文提到的为飞行做的准备工作也同样适用于自驾游。那么诺兰还有一些什么特别的建议提供给自驾游的妈咪呢?

作息时间

自驾游旅途中的作息时间(如果您需要几天长时间驾车的话,也包括晚间休息时间),应尽量跟日常作息时间保持一致。不过如果您事先就计划好了要在特定的公路休息站停一停,在它的休息区野餐或者在餐厅里吃饭的话,那么就按照计划执行,哪怕孩子们已经在车上睡着了,也不要管他们是不是根本就没有饿。

路 线

您出发的时候就应该让孩子知道全家的目的地是哪里,从哪条路去。我们坚信,应该在玩耍中学习,父母与孩子之间的知识传承就应该是这样手口相传的。所以,哪怕您的孩子才蹒跚学步,您也应该告诉他这次旅行的路线。一路上指路牌给他们看,告诉他们什么是隧道标志,什么是船的航道标志,什么是野餐区和休息站的标志,让孩子在高速公路上一路把这些标志找出来,您还可以鼓励孩子动手数一数,一共看到了多少这样的标志。

如果您出发前有充裕的准备时间的话,不妨亲自动手跟孩子一起绘制一本属于你们自己的专属地图。在地图上标注出所有的休息站,这样您就可以让孩子一直数着,看还有几个站就到你们预定的休息站了。这样他就能知道什么时候才能吃得上饭,也不会一路喋喋不休缠着您问个不停了。您最好在你们的专属地图上,也标出那些易识别的地标性建筑,这样孩子就可以一路看一路认了。

我曾经几次带着小孩子去法国南部自驾旅行。根据经验来讲,一般旅行的头两个小时您都颇有耐心,还暂时没有被孩子搞烦。所以车开了差不多两个小时之后,我就从包里拿出一些有趣的小玩意儿给后排座位的孩子玩。注意这些小玩意儿应该是家里不常见到的玩具:比方说一个小小的笔记本啊,一支新铅笔啊,或小橡胶恐龙啊,小洋娃娃之类的小玩具。孩子们拿着这些东西就能自己编故事了。有声电子书也是我的法宝。记得出发之前要先多存储一些故事在电子书里,当然也可以从网络上下载一些,这样旅行途中就可以让大家轮流选择自己喜欢的故事,放出来,大家一起听。每个人都要选,爸爸妈妈也不例外。您想想,要是都让孩子选,光一个《火车头托马斯的故事》就能无休无止地听上 8 个小时,谁都会受不了的。

——保姆玛丽亚

如果可能的话,尽量选择夜间开车。因为这时候孩子通常都睡着了,整个旅途就会轻松一些,当然,您自己得想点办法让您自己非常清醒才行。只要您觉得有点累,就千万不要开车夜行。

汽车安全

诺兰育儿机构的保姆在给宝宝选择汽车安全座椅的时候通常都会花掉一整天的时间。为什么呢?这是因为汽车安全座椅可能是您为宝宝购置的最重要的一件单品了。虽然有的安全座椅提供专业安装服务,但是您还是应该学会怎么安装,因为旅行的时候您可能需要把安全座椅安装在临时租用的汽车上。出于安全考虑,您最好还是把儿童汽车安全座椅安装在汽车后排座椅的位置上。千万不能把面朝后的安全座椅安装在前排副驾驶位置,因为通常副驾驶位置都有安全气囊装置,它会在汽车遭遇猛烈撞击时自动弹出,弹出一瞬间的力量是相当大的。一定要遵照汽车制造商的安全提示,同时在安装儿童安全座椅的时候,要根据提示将后排座椅的安全带穿过安全座椅。安装安全座椅相当麻烦,您要慢慢来,别着急。在拴紧安全带的时候,您最好靠着安全座椅,把它牢牢固定好,不能松。将儿童汽车安全座椅的说明书随车携带。这样做是为了防止您疲劳之后忘记该如何操作,同时也方便您再次将安全座椅卸下装在另外一辆车里。

诺兰金科玉律

在抵达休息站休息或上厕所的时候,一定要确定哪个大人照顾哪个小孩。我们经常发现有这样的情况发生:爸爸以为是妈妈在看着孩子,而妈妈又以为是爸爸在看着孩子,结果是谁都没有留心孩子,孩子转眼就不见了。

我们到底什么时候到啊？——一些自驾游途中的小游戏

如果孩子已经对手上的涂色书、手指布偶、故事书和彩色图片失去了兴趣，开始漫无目的地看着窗外了，他们就会开始问："我们到底什么时候到啊？"诺兰育儿机构的保姆们有许许多多的好玩的游戏，能让您信手拈来，让孩子们一直撑到下一站休息的时候。除了上文提到的那个四季挑战者游戏之外，下面再给您介绍一些屡试不爽的深受孩子们喜爱的游戏。

我要去旅行——考考你的记忆力

这个游戏的玩法是这样的：第一个人说："我要去旅行，我准备带上……"，然后第二个人接着说："我要去旅行，我准备带上……"（第二个人先要重复第一个人说过的话，然后再加上自己准备带的东西）。这个游戏考验的是大家记忆力，大家首先要把前面的人说过的所有的话都重复一遍，然后才能加上自己想带的东西。这个游戏还有一个好处，就是能够让孩子们记得他们带了什么东西，在旅行中不会丢三落四。如果是大孩子的话，您可以适当增加难度，比方说把游戏限制在某个主题，或者是某一类物品上。

我是谁？

这个游戏的玩法是这样的：您说："我是一本书（或者是一部电影）里的人物。我手上拿了一把雨伞，拎着一个旅行包，穿着一套制服，请你猜猜我是谁？"如果孩子一时猜不出来的话，您可以多给一些提示："我手里拎着一个旅行包，正沿着栏杆缓缓前行。"当然您也可以假装自己是某种动物："我有四条腿，还有一条长长的尾巴，身上有着黑白相间的条纹，我家住在非洲。"您可以根据孩子的兴趣来提问。

对于大些的孩子,您可以把线索给得模糊些,这样难度就大了。

讲个闹哄哄的故事

这个游戏适合所有年龄段的孩子。您讲一个故事,讲到关键的地方,关键词的时候就不说话了,只发出各种各样的声音。然后让孩子去猜这个地方您想说但是没有说出来的到底是什么。举个例子:您可以这样给他们讲一个叫珀西瓦尔小猪的故事:"珀西瓦尔是一个'哼哼哼'(此处您可以模仿猪的哼哼声,让孩子们高声猜出'猪'这个词),有一天,他觉得有点'嘘——哼——'(此处您作出轻蔑的表情,发出不屑一顾的声音),因为那天'喔喔——喔'(此处您发出公鸡早上打鸣的声音),农夫没有把他最爱的'嘎吱嘎吱'(此处您发出吃燕麦的声音)放进他的食槽里。"只要您想象力丰富,又有耐心,这样的故事您想编多长就有多长。

汽车拼图游戏

在出发之前,从家里拿一张卡片,把这张卡片分成几个正方形的小块。然后从杂志上找一张图片,比如绵羊啊,房屋啊,教堂啊之类的,只要是您旅途中会看到的任何东西都行。然后把图片剪下来,也分成小正方形大的小块用胶水贴在小正方形的卡片上。如果您有时间的话还可以把这个图片塑封一下。带上这些卡片,在途中让孩子在车上找,等他把所有的卡片都找出来然后完整地拼出来,他就可以高兴地叫:"bingo!"如果是几个孩子一起,您可以让他们比赛谁拼得最快,最快的那个能得到一块糖或一张贴纸做奖赏。如果孩子稍大一些,您可以选难一点的图片给他们拼。

读店招牌游戏

这个游戏尤其适合到乡下郊游的时候玩。大家都注意沿途的小酒馆的店招牌,看看它的名字,然后大声念出招牌,说出店招牌上的这个名词到底有多少条腿，要跑多少圈。比方说你们看到了一个叫"绿色人"的酒馆，那么就要说："绿色人有两条腿，跑两圈。"要是看到的酒馆叫做"绿色人和狗"，那么就要说："绿色人和狗有六条腿，跑六圈。"如果看到的店招牌是"橡树林"的话，就要说："橡树林没有腿，它只能被驱逐在外了。"当然，对于"鼻涕虫和生菜"这样的店招牌，大家就仁者见仁，智者见智了。

我们不建议您在旅途中给孩子玩 IPad 或者是便携式 DVD。要知道，其实旅途中的时间也是全家聚会分享的时间，孩子们更希望能跟爸爸妈妈一起，走一路，玩一路。当然，我们承认这对爸爸妈妈们来说可是个非常艰巨的任务，但是想想看，旅行可能是全家待在一起最长的时间了，所以要充分利用这个机会。如果您家的两个孩子年龄差距比较大，比如说一个都十多岁了，一个才蹒跚学步，那么难度就更大了。鉴于此，我们也认为在这样的情况下您可以网开一面，破例让孩子在车上玩电子游戏。当您 14 岁的大孩子已经非常配合地跟您的牙牙学语的小宝宝一起做完了所有低幼的游戏，那么此时您应该相应地给他一些私人时间。不过我们仍然建议您把这个电子游戏时间严格控制在 1 小时以内。

您最好事先在包里准备一些糖果，或者孩子们喜欢的小东西，这样孩子在旅途中表现出极度的烦躁不安的时候，这些小惊喜就能帮您安然度过。如果是您一个人带着孩子自驾游的话，那么在您需要集中精力开车的时候，可以给孩子一小袋糖果、一本漫画书或者是一个小玩具来换得片刻的安宁。这样当您遇到十字路口不知道到底该往哪个方向走，或者是减慢车速看路标，又或者是在加速超车的时候，孩子们都能专心玩他们自己的，不会分您的心。

晕 车

有的孩子如果长时间坐车旅行的话就会不舒服,生病。如果不幸您的孩子刚巧就是这样的话,您能做的就是事先做好准备。在旅途中一定要保证有一扇车窗自始至终都没有完全关上,以保证随时都有新鲜空气进到车里来。让孩子看着地面也能减轻晕车的症状,所以鼓励孩子往窗外看,看那些相对而言固定不动的建筑物。当然您还可以跟孩子玩四季挑战者的游戏。如果您的孩子稍大,那么出发之前可以找医生开一些非处方药,晕车的时候给孩子吃一些,缓解一下症状。车里地上最好铺一层塑料布,座椅也最好套上可拆洗的套子,这样万一孩子吐了,您也能很快把车内清理干净。旅行包内要带够湿巾、纸巾,还要准备一些密封袋来装脏衣服。如果您的孩子习惯性晕车的话,您也可以选择在孩子睡觉的时间上路,一般来说只要孩子睡着了,也就不会想吐了。

列车旅行

坐火车出游有不少优点。列车不需要您来驾驶,所以您只需要专心照顾好孩子就行了;列车上有厕所,还能四处走动走动。这样您和孩子就有更多的时间在一起做游戏、聊天了,孩子们的抱怨自然也就少了。但是,如果中途您需要换乘列车,而且两个车站之间还有长长一段距离需要步行的话,那么您应当尽量精简行李,还要记得随身给宝宝带一个折叠童车。最好选一个背包,这样您就能腾出双手了。当然您可以在火车站找到诸如挑夫之类的人帮您拿行李,但是还是建议您做好最坏的准备——没有人能帮您拎行李。收拾东西的时候一定要记得"轻装上阵是王道"。

诺兰育儿机构在计划任何一次旅行的时候都非常谨慎,所以刚刚我们给出的乘飞机,坐汽车(详见上文)的种种建议都适用于乘坐列车的旅行。不过,还有另外一些乘火车需要特别注意的问题:

■给大孩子充分的自由,让他们四处走动,但前提是跟他们约定好活动范围,并让孩子保证在列车广播说到达下一站的时候,要马上回来坐在自己的座位上。

■要带上上厕所用的卷纸。列车上厕所里的纸很容易就用光了。如果您愿意的话,下车的时候您可以把自己未用完的卷纸留在列车上。

■不要把大件行李放在孩子头顶的行李架上,但是最好还是用一些轻巧的行李把这个行李架占了,以免其他乘客把他们的大件行李放上去。

■如果中途需要转列车的话,您需要简要地将行程告诉每一个人,如果是到外国旅行,更是有必要这样做。告诉大家不要走散了,一定要随时注意小一些的孩子,如果有两个大人的话,那么最好是一前一后,一个在前面引路,一个在后面断后。

■如果跟您一起出游的人较多的话,最好是一下火车就清点人数和行李,然后换乘另外一辆列车之后要再清点一次。曾发生过一大家子人旅行,结果把小孩弄丢了一个的事情。所以您一定要注意,一大家子出门的话,实行"军事化管理"可是很有必要的哦!

我们前面提到过的那个四季挑战者的游戏,还有那个辨认窗外的物体的游戏,在列车上玩可能会难度太大,因为窗外的风景几乎都是一闪而过。所以建议您带一些桌上游戏或者纸牌:"对儿"牌游戏、全家福游戏,还有比大小的游戏,都能帮您打发旅途中的时间。

到达目的地，安顿全家

有一件事情我们觉得有必要提醒您：您应该对您的旅行期望值现实一些。在长时间的旅途之后，舟车劳顿，人人都疲惫不堪。但是孩子却不会，他们会非常亢奋，而您到了目的地之后可能只有一个念头，就是赶紧找一个遮阳伞下的躺椅，躺下来，喘口气，喝点冷饮。所以要合理进行人员分配：让一个大人照看小孩，另一个就先休息一下，或者先收拾行李，一小时之后交换。

还有一个事情就是要帮孩子适应新环境和新的时区。如果您是早晨到达的，孩子们看起来都很疲惫，那么可以让他们美美睡个午觉。但是到了下午4点一定要叫醒他们，否则睡太久的话，晚上可能就会睡不着了。就算孩子们在家的时候从不尿床，您最好还是给他们的床上垫上塑料的防水垫，因为时区转换打乱了他们正常的生物钟，尿床也就不能完全避免了。

如果您度假的目的地是热带地区，那么建议您事前做好健康方面的预防措施，保证全家的身体健康。最好能在出发前咨询医生或专业的旅游诊所。要先检查孩子的预防接种是否到期了，根据您目的地的不同，孩子可能还需要额外接种一些疫苗。一般说来，您需要在出发前4~6周开始计划接种疫苗，因为很多疫苗都需要两次接种，第二次接种需要在间隔几周之后才能进行。有些疫苗接种之后会让身体产生一些反应，如果您平时还需要上班，孩子也需要上幼儿园或者上学的话，建议您周五下班之后接孩子一起去接种。这样就算接种后孩子出现什么反应，身体不舒服，他也能在家休息一个周末。大多数的接种反应都会在48小时内出现，所以周末您和孩子待在一起的时间刚刚合适。如果您是要去非洲玩的话，一定要给孩子接种黄热病疫苗并妥善保管接种证明，有的国家在入关的时候会要求您出示这个接种证明,否则不允许入关,有的甚至要求您在机场现场接种。

很多家长一提到出国旅行,马上就在想要不要给孩子注射疟疾疫苗,其实这个还是要根据您计划要去的具体地点,听从医生的建议。如果您真的要带孩子去疟疾频发的地区的话,医生的建议是最可靠的了。

在做出行计划的时候要仔细研究医生给出的旅行建议。有一个非常重要的问题,您得先问问自己:您敢不敢在你要去的地方的河流里游泳,戏水,并安心饮用当地的饮用水?比如,非洲当地的水里就有能够让人感染的寄生虫。虽然当地人在河里放心游泳,安然戏水,但并不意味着这样的水就能喝。这些问题您出发之前就要调查清楚,千万不能理所当然地去拿自己和家人的健康冒险。

就算您本来就非常小心谨慎,我们还是要提醒您注意一些潜在的危险。孩子,特别是年幼的宝宝的身体,对食物和饮用水的变化是非常敏感的。

饮用水

这个问题主要看您旅行的目的地在哪里。不过要记住,不管在哪里,都不要随手拧开水龙头就喝。如果您旅行的目的地的饮用水卫生成问题的话,那么一定要先把水煮开了再喝。给宝宝冲奶的水以及给孩子稀释果汁的水都应该先烧开。就算是给孩子漱口的水,最好也用超市卖的瓶装水。如果孩子喜欢在喝的水里加冰块,那么注意冰块也应该是用瓶装水冻的。千万不要任由服务生往您的水杯里加冰块,先要确认一下他们的冰块是不是用纯净水或者是饮用水制作的。

水果和蔬菜

如果您是从当地的集市上买回蔬菜和水果自己做沙拉吃的话，一定要记得用瓶装水把买回来的菜和水果都彻底洗净。或许您不喜欢酒店里现成的沙拉，喜欢自己动手 DIY，那么除非您对食材的清洁程度有相当的保证，否则建议您对食材进行彻底清洗或者干脆去皮。

中　暑

孩子或者更小的幼儿会没有预先征兆突然中暑。所以要给孩子们穿长袖长裤，皮肤裸露部分要抹高倍数的防晒霜。记得不能让孩子整天都在烈日下暴晒，应当随时让他们到阴凉的地方休息一下，另外要多给他们喝水。有些童车本身就有遮阳装置，如果您去那些太阳辐射很厉害的地方的话，最好给孩子的童车加上 UV 防护网纱，这层网纱还能帮宝宝遮挡蚊蝇（更多有关中暑及其处理措施细节，请参见本书第五章）。再带上一瓶纯净水喷雾，随手喷喷，为每个人降温。

灰　尘

小孩子接触到的灰尘远远要多过成年人，因为他们的脸刚好跟车轮的高度相当。因此如果您的目的地多尘土的话，您最好给孩子采取一些防护措施。您最好把小宝宝抱在怀中或背在身上，别让他躺在婴儿车里。就算是刚刚会走路的宝宝，您最好也把他背在背上，别让他自己走——他很可能会一路走一路在地上捡，什么东西有趣他就捡什么。

诺兰金科玉律

对于已经开始走路的宝宝,在旅途中一定要随时关注他的手指甲有没有过长,这样他的手指甲里面就不会藏污纳垢,细菌也不会趁机随手入口了。

好,这些问题都解决之后就再也没有什么能困扰您的旅游了。现在就出发吧。上述问题就是带着孩子出行会遇到的一些基本问题了。只要您随身携带本书,您就可以带着您的孩子一起无忧无虑地尽情滑雪、航海或露营了。下面我们将提供给您一些小贴士,让您的假期更加完美。

滑 雪

很多滑雪教练都说,孩子大概从三四岁起就可以开始滑雪了,具体还要视每个孩子的力量、身体协调能力和性格差异而定。其实在欧洲,孩子们只要会走路,就能学滑雪了。这大概也是冬季奥运会的滑雪项目,多半金牌都被欧洲人摘走的原因了。不过只要宝宝能够控制大小便,能在户外滑雪1小时左右的话,就可以学习滑雪了。

如果您想带着宝宝出去滑雪的话,有一个问题要注意:很多提供全程全套服务的滑雪公司,只帮忙照看6个月以上的宝宝。一定要选一个愿意帮忙照顾宝宝的公司——有些滑雪公司是不提供这项服务的。如果您家的孩子稍大,但他又不愿意滑雪,那么您可以雇个能够到您下榻的酒店来照顾孩子的保姆;或者将孩子送到滑雪场当地的托儿所,请他们暂时代为照看。其实在您出发前制订滑雪计划的时候,就应该要事先考察好您的目的地有哪些设施,怎样的服务,能够多大程度帮您照顾好孩子。

我曾经带着几个小孩坐车去滑雪场。我把孩子们的玩具啊,基本生活用品之类都分别装进他们自己的枕套里。这样一来,孩子们坐车的时候就可以拿出玩具,把枕套当成垫子坐着,等到了睡觉的时候就把玩具收起来,换上睡衣,拿出牙刷洗漱。等我们到了目的地之后,孩子们就已经穿好了滑雪服,马上就由父母带着滑雪去了。我呢,就把所有的行李都直接提到我们预定的房间里去。

——保姆萨利

如果宝宝还不满4岁,那么要让他尝试从坡道上往下滑就有些麻烦。不过只要您做好了充分的思想准备,知道有了孩子和没有孩子的旅行是截然不同的,那么也就不会觉得太难。带着孩子,凡事都要慢下来,滑雪尤其如此。很有可能您刚刚穿好三层滑雪装备,第一个冲下了滑道,兴致正高,孩子说他要上厕所了,于是您只能抱憾暂停。所以要保证您和孩子的滑雪装备都穿脱方便,最好是用魔术贴或拉链固定的,而不要是纽扣或者五爪扣。孩子身体散热比成人快,所以他们的衣服需要保暖性更强才行。他们也需要戴头盔和护目镜,当然,这两样东西您可以事前购买,也可以临时租借。

要滑雪的话,事前要做好安排:滑雪装备要先试穿,觉得合适才租,然后要排队等着坐索道上山,送孩子去滑雪场地托儿所。所有这些事情都是在冰天雪地、人山人海的环境中完成的,这对您和家人的耐心都是一个巨大的考验。关键是要事先留够充分的时间:要有充分的时间换衣服,充分的时间等缆车送你们上山,充分的时间停下来喝点热水暖暖身子,让冻得发红的鼻尖和指尖都暖暖。当然,您要知道,这就意味着您真正滑雪的时间会缩减。如果事前您就对这一切都做好了充分的思想准备的话,那么等真正去滑雪的时候您也就不会那么失望了。其实假期过得是否愉快,在很大程度上取决于您和孩子的性格,还有您的家人对环境的适应能力。您家的小家伙们很可能会冻得手脚冰凉,滑雪靴也很不舒服,从酒店到滑雪场地来回路程可能漫长难熬,所以您事先要对孩子长时间坐汽车以及耐寒的能力有充分的了解才行。不过最重要的是您自己,您自己一定要随时保持冷静,放轻松,这样才能大事化小,很好地解决问题。

诺兰滑雪小贴士:

■ 保证所有的衣物都要穿脱方便。

■ 不要随身携带笨重的折叠婴儿车,就把它放在酒店里。

■ 最好选择有其他娱乐设施的滑雪场。比方说有室内恒温泳池、雪橇游乐场、雪地项目游乐场。大孩子可能不想整天都滑雪,小孩子可能会想有点时间跟爸爸妈妈一起玩。

■ 做好准备您真正滑雪的时间并不长。如果您对这点很介意的话,可以两个人换班,一个人先照顾宝宝,让另一个人先滑;然后再轮换。

■ 并不是所有的孩子都愿意去上滑雪培训班,所以要做好准备,第一天到滑雪场的时候,可能会需要一个大人留下来陪着孩子们。

■ 要给孩子准备高倍数的防晒用品。

滑雪培训班接收 3 岁以上的孩子,根据孩子的年龄,教他们一些好玩的游戏,也教孩子基本的滑雪技巧。您最好先在网上或者跟您的旅行社确认一下,了解这种培训班的软硬件设施。另外,送小家伙们去滑雪培训班还要注意一点,就是要确认一下那里的教练是不是用英语上课,班上其他的孩子是不是也跟您的孩子说同一母语。滑雪培训班学员众多,上课的时候通常都有些乱糟糟的,所以最好给孩子穿颜色鲜艳、容易辨认的衣服,这样您去接孩子下课的时候就能一下子找到他们了。记得在孩子衣服的口袋里放上一张写有您手机号码和酒店电话的小卡片,最好是塑封过的,这样才能防水。当然最好是能给孩子请一个一对一的私教——私教的课时费其实也并不像您想象中那么贵。

航　海

　　不少航海爱好者都带着他们的孩子一起出航,不管孩子有多大。其实您也可以租一艘船,带着孩子一起划,要不就租一艘驳船去旅行。前提是您得知道怎样保证船上每个人的安全和舒适。虽然我们说,不管您去哪里度假,也不管您是坐车,乘飞机还是划船,您的旅程是否愉快很大程度上取决于您和您的伴侣——也就是孩子们的爸爸妈妈,不过我们也要承认,如果您真的是划船的话,孩子可能会给您添更多的乱。

　　安全守则第一条就是孩子在船上、码头附近的每一分钟都应该是穿着救生背心的。如果爸爸妈妈自己能以身作则的话就更好了。当然还需要教会孩子游泳,起码要告诉孩子,只要穿上了救生背心,就算落水也不需要担心,让孩子有这个信心是至关重要的。因此最好事先让孩子穿着救生背心,在海边浅水区或者游泳池里试试。上船之后,如果气温允许的话,可以先让孩子穿着救生衣练习从船上跳进水里,然后再爬上船。这种训练既消磨了整个炎热下午的时光,又大大提升了孩子在水中的自信。要告诉孩子不能在甲板上奔跑,时时刻刻都要抓紧船舷的栏杆。不管多小的孩子都应该要有这样的意识。如果孩子小的话,您可以用游戏的方式跟他讲解安全问题,同时记住只要孩子做到了,就要及时奖励——哪怕是一个小小的贴纸也行。再不然也可以先口头表扬,等到了目的地下船后再补上一个冰激凌。

　　记得要随身带一个防水袋,里面装上合适的衣服(船有载重限制,所以一般不允许携带手提箱)。不管天气如何,保暖防水的衣服,防滑的鞋子(鞋底要干净,否则会把船弄脏)都是您随身衣物袋中的必备之物。还有一些东西也要带着,比如防晒霜、太阳镜和遮阳帽。

　　带着小孩航海,您要专门指派一个大人随时看着小孩,其他人负责划船,特别是在船停泊或进出港的时候。因此船上至少需要两个大人,一个专门负责照看小孩,一个负责划船。

　　船进出港或者停泊的时候,船舱内的折叠小床是安放小宝宝的最佳地点,不过还是要保证一直都有人守在宝宝身边。

——保姆克莱尔

　　如果孩子稍大一些,那么您可以带上海盗帽、旗帜、眼罩、望远镜,这些装备能让您的航行变成一次冒险之旅。不过您事先要有心理准备,孩子毕竟是孩子,他们刚开始会觉得新奇刺激,但是这种新鲜感在航行过程中会很快褪去。在航行过程中,孩子的活动非常受限,绝大部分时候都是静坐着的,所以您应该鼓励孩子一起来划船。比方说在大人的监督下让孩子掌掌舵,画画航海路线图,划划小舢板,您甚至还可以让他帮着擦洗一下甲板。如果您告诉孩子这是一艘海盗船的话,那么就更有意思了,您的每一个指令都成了游戏的一部分。如果船上有船舱的话,您可以带一些轻便的游戏用品,书和玩具,这样能让小朋友们随时都有东西玩。

　　只要事前准备充分,只要您相信自己,那么带着孩子航海也没有什么不可能的。我们就知道不少案例,父母带着新生宝宝长途航行,这些宝宝长大之后更加自信,更独立,不少都成了能干的水手。任何一项冒险活动都是有风险的,但是您可以将风险降至最低,确保您自己、家人和宝宝的安全。

露　营

　　如果全家出游的话,露营是个非常不错的选择,不过也不是人人都合适,只要你喜欢户外运动的话,那么露营就能让您用很少的花费跟孩子一起度过一段难忘的经历。下面我们给您一些建议,帮助您安然度过一个愉快的露营时光。

首先要让孩子从准备期就开始参与进来:一起选址,一起购买食物,一起打包。选址主要是依据您家人的喜好而定,看大家是喜欢游泳、冲浪,观看野生动物还是划船。如果您是第一次带着孩子出去露营的话,最好选一些附近各种设施齐全的地方,周围要有厕所、咖啡馆和游戏室。

如果露营用的帐篷是新买的话,那么建议您先在院子里或者家里的空地上,练习一下怎么把帐篷支起来。试想:您长途跋涉,好不容易到了露营目的地了,全家都累得筋疲力尽的,但是您竟然还不知道怎么才能把帐篷给搭起来。所以您可以先在自家院子里把帐篷搭起来,然后带着孩子在里面住上一晚,试试看。孩子们一定会爱死这个建议的,最好的是如果半夜您醒来突然发现需要什么东西的时候,您马上就能进屋去取。另外,最好将您的首次全家露营的时间控制在2~4天之内。

你需要准备什么

要想有一个舒适的露营之旅,您需要事先准备些东西:一个舒适的睡袋(如果冷的话需要羽绒睡袋),一张舒适的充气床垫或者是露营床,一个两岁以下的宝宝专用的婴儿床或是露营被,必要的炊具以及一个洗脸盆。我们很清楚,其实露营最常见的问题——尤其在英国——就是恶劣的天气,所以还要准备雨靴、雨衣和雨伞。还有一些东西是无论什么季节都需要的:手套、帽子和绒衣。当然要给孩子多准备几套换洗的衣服,因为小孩子总是很容易弄脏自己的衣服。要给蹒跚学步的宝宝准备法兰绒的浴巾,如果当地条件有限,没有办法淋浴洗澡的话,您最起码要拿洗脸盆舀水给孩子洗。说到这里,您要记得,最好将您对清洁卫生的期待降到最低——出去露营的这周是要比平常稍微邋遢一些。

　　还有一个必需品就是灯——要保证每个年龄在4周岁以上的家庭成员人手一个头灯或者手电筒。要在每个头灯和手电筒上做好标记，分清楚哪个是谁的；或者干脆每人的头灯或手电筒都与别人的颜色不同，以示区分；万一丢了一个头灯或者手电筒，也很容易知道是谁弄丢的，不至于大家互相推卸责任。每个帐篷要有一盏灯，还要保证有足够的电池储备。

　　如果您已经在野外露营过好几次了——而且您的露营经历也没有给您留下任何阴影的话——那么最好回来就重新整理一张必备用品清单，以备下次露营时参考。我们强烈建议您将这张清单和您的露营用品放在一起，这样您下次要准备用品打包的时候就很方便了，也不至于出现到了目的地才发现，忘了开瓶器或者把孩子最爱的杯子落在家里了。

　　有人喜欢探险，所以露营的时候除了必要的帐篷、睡袋、床垫和炊具之外什么都不带。但是如果带着小孩子一起的话，就有必要多带上几样东西了。下面是我们给您列出的一张清单，如果您是跟家人一起开车到目的地去露营两晚左右的话，那么下面的东西您都需要准备齐全：

- 帐篷——越大越好！（当然也要容易搭建）
- 野餐餐桌和折叠椅
- 床——充气床垫或者露营床都可以
- 枕头和床上用品（如果孩子大点的话也可以给他准备睡袋）
- 炉子、平底锅、烧水壶
- 洗脸盆
- 急救药箱（药箱内必需品参见本书第五章）
- 晾衣绳和钉子
- 塑料袋——用来装垃圾、湿的泳衣还有宝宝的尿布
- 宝宝用的便盆
- 手电筒和灯

- 温暖的睡衣和防水鞋
- 保温袋
- 开罐器/螺丝锥

我曾经服务的那家人就特别喜欢出去露营。每次我们出去露营的时候都会额外多带一顶帐篷,我们把它叫"游戏室"。他们会很迅速地把帐篷支好,然后扔些靠垫啊,玩具啊进去,然后就正式宣布说这个帐篷是"度假小屋"或者说是"游戏室"。这样一来孩子们就不会把他们的乐高积木和玩具小汽车弄到我们晚上睡觉的帐篷里了。

——保姆艾米丽

野 炊

不少露营地都有固定的野炊区,如果没有的话,您也可以在帐篷外的空地上用一个小炉子煮东西吃。除非您是"野炊高手",否则就要做好心理准备,露营时吃的东西一切从简。至于宝宝的食物,您最好事先在家里准备好,然后一小份一小份单独装好带上,每餐一份,实在不行就在超市买预先加工好的婴儿食品。还要记得给小家伙们准备充足的零食,孩子们一到了户外,总是饿得很快。

我们认为露营的乐趣全靠大人激发。比如您可以把野炊变成一个游戏,或者是探险。假装您是个探险家,或者是给全家发起一项比赛,看谁最先点燃炉子,谁做的食物最美味,谁最先把盘子洗干净之类的。

露营游戏

让孩子利用大自然中的一草一木来制作一个剪贴簿,或用他在大自然中的发现来装满他的百宝箱。这个游戏对所有年龄段的孩子都非常适合,所以在出发之前您要为孩子额外准备一个小小的盒子,一个鞋盒子或者装玩具的包装盒都可以，每个孩子一个。他们可以一路收集喜欢的东西放进去，如贝壳、落叶、松果、化石，随便什么东西都行，只要他们喜欢。这种游戏能够让孩子观察周围的一切，同时他们收集起来装进盒子里的东西也是旅行留给他们珍贵的纪念。

另外一个游戏就是在旅行开始时，给每个孩子都发一个火柴盒。然后让孩子把路上发现的有意思的东西装进去，尽量装，越多越好，最后装得最多的孩子就是胜者。

晚上让孩子晚点上床睡觉，毕竟露营也是一种探险嘛！大家应该一起开个篝火晚会（这个晚会并不一定需要有多么"晚"），大家可以围着篝火唱歌，然后拿出孩子们的天文书，对照着找天上的星星。这些花样听起来挺老套的，但是只要您不要把 IPad 或者游戏机带出来，那么这些老套的简单游戏就能激发孩子对环境的兴趣，这一点对孩子，对您都好。这样的家庭旅行也一定不同寻常。

毫无疑问的是，带着新的家庭成员旅行一定需要您付出更多的努力。这一点做起来并不容易，尤其是在孩子小的时候，这真是对您的挑战。事实上，当孩子都还是小宝宝的时候，全家一起出去旅行，对父母来说根本算不上是通常意义上的旅行。让全家都能其乐融融地一起出门旅行需要花时间，需要多练习。多为可能遇见的困难做好准备，多期待意外的收获，您的全家旅行一定会越来越幸福的。

第三章　诺兰伴宝宝成长每一步

　　您的小宝宝一天天长大,有一天他开始迈出双腿走路了,他的自我意识也慢慢在萌芽。今天他还要完全依赖父母和保姆,但是他已经开始觉得其实他自己是可以谁都不靠的。此时,您就需要多长双眼睛了,不管孩子身在何处,您都要随时保持高度敏感。这个活泼好动的小家伙眼前是一个充满了新奇等待他探索的世界,而这一切则需要您更多的耐心和精力。在这之前,是您在观察宝宝,只有当宝宝需要您的时候,您才需要对他作出回应;但是现在情况不同了,是小家伙在观察您,在默默地学习,模仿着您的一举一动。

　　那么现在,这个已经长大了,可以走路的小家伙,您对他的期待又是什么呢?答案很简单:全部。他会渐渐学会所有的事情,但是是用他自己的速度。他成长过程中的里程碑——爬行,说话,进食固体食物。等他准备好了,一切都会渐渐到来。现在这个小家伙睁大他好奇的眼睛,渴望学习,因此爸爸妈妈现在成了他的老师,同时还身兼安全顾问。本章要讲的就是宝宝需要学习的,怎样教会宝宝,最重要的是,如何帮助他在婴儿期的最后一个阶段学到更多的东西。

一次一小步,慢慢来

　　爸爸妈妈们都喜欢把自己宝宝的进步拿来跟其他宝宝比,这其实就是一种竞争。不要这么早就开始比较,就算要比较,也最好等到孩子参加他人生中的第一场运动会那一天。本节会列出一些里程碑式的重要进步,宝宝在未来的日子里会把这些重要的新技能全部学会,但是您需要给宝宝多一些时间,有可能需要几年的时间,宝宝会逐一把这些新技能都学会。您最了解自己的宝宝了,所以如果他在学习某些重要的阶段性技能上严重滞后,您觉得是不是有点问题的话,您最好寻求专家的帮助。如果您宝宝是个早产儿,那么在宝宝出生时医生就应该告诉过您,因为宝宝早产,所以日后他在学习生活技能的时间上会比同龄的足月宝宝稍稍推迟一些。

诺兰宝宝发展里程碑:

■ 4 个月左右能自己抬头,无需旁人支撑自己把脖子立起来。

■ 6 个月左右能靠着垫子坐稳。

■ 6 个月左右能做简单的手眼协调配合动作:如拍手、做手势、滚球。

■ 9 个月左右学会抓握动作——像螃蟹钳子那样用大拇指和食指抓握玩具或其他小物件。

■ 6 个月左右第一颗乳牙萌出,不过早的可能在出生后 3 周就萌出,晚的可能要等到 9 个月左右才萌出。

■ 9 个月左右开始说话:可能有的宝宝只能发出简单的声音,表达自己的意思,而有的宝宝都能说一句完整的话来要水喝了。也是从这个时候开始,宝宝开始留心听"妈妈"或"爸爸"的声音,还能听懂您叫狗的名字。

■ 两周岁左右开始不需要午睡了。当然,需不需要午睡主要还是取决于晚上的睡眠情况以及白天的活动情况,所以最好还是顺其自然。

■ 6 个月开始可以根据医生的建议断奶。

■ 自己吃饭——如果您把勺子放在宝宝能够得着的范围内,这个技能会很突然地展示在您的眼前。不过要指望他好好吃还得花上一段时间:大概在头 1 年之内,宝宝自己吃东西都是自己一半,地上一半。

■ 8 个月左右宝宝可以渐渐从爬行转为站立并开始迈步。有的宝宝没有这一步,他们会有一天直接就扶着家具或者拉着狗,直接从屋子这头走到那头。不管您家的宝宝是哪种情况,他最后都能学会走路,一般宝宝大概到 1 岁 3 个月就会走路了。

■ 大小便训练:这个训练从宝宝 1 岁半就可以开始了,不过就算宝宝 3 岁了再开始也不迟。这个技能是最因人而异的,您要有充分的耐心,千万别着急。

当然,作为一个职业的育儿机构,诺兰在对客户的宝宝的能力发展上关照更为细致。上述只是一些最基本的能力,是为了给爸爸妈妈和保姆们一些参照,好知道自己的宝宝的发育是否正常。还有一个问题要提醒大家,如果您的宝宝有哥哥姐姐,或者一个大点的孩子天天跟他一起玩的话,他的技能发展就会提前。因为孩子也会在他们的世界里相互学习,相互竞争。但是也有弊端:宝宝因为跟自己的哥哥姐姐,或者是经常一起玩的孩子容易交流,所以他的语言系统发育,可能反而会比一般宝宝滞后。

如果您有一对双胞胎,那么您会发现,两个孩子的技能发展不是同步的。其实这很正常,毕竟他们是各自独立的个体,所以千万不要把双胞胎拿来比较。除非一个孩子的发育明显滞后另外一个一大截,否则对于孩子发展的不同步,您大可不必担忧。放轻松,享受两个孩子相对独立地成长,同时也享受他们之间那份与生俱来的奇妙关联。

您也可以做些事情来培养孩子的技能。比方说您可以把一个玩具或者是球放在离宝宝有一定距离的地方,然后鼓励宝宝自己慢慢挪过去或者爬过去。同样,跟宝宝一起玩堆杯子的游戏,也能帮助宝宝发展手眼协调能力;给宝宝看图画书,问他一些简单的问题,能让宝宝很快学会用手势跟您交流。您花越多的时间跟宝宝一起做游戏,发展他的能力,那么您家的这个好动的小探险家就会越能干。

餐桌礼仪

令天下所有父母最开心的宝宝成长中里程碑式的事件莫过于宝宝张口吃第一口真正意义上的食物。他脸上那种惊喜的表情和愉悦的神情值得您一生记忆。在第四章里我们会给您更多有关断奶的建议，这一小节是断奶后宝宝的日常行为训练，帮助宝宝学会良好的餐桌礼仪，像一个小王子一样有礼貌。

宝宝的第一套餐具应该是塑料的。因为塑料餐具消毒方便，而且也不像陶瓷餐具那样易碎。长柄的软勺不会弄伤宝宝娇嫩的小嘴，而且宝宝即使是坐在高脚餐椅里，您也能很方便地把食物喂进他的口中。

高脚餐椅是宝宝进食的必备用品。现在市售的高脚餐椅主要有两种：一种是没有自带托盘的，另一种自带托盘。我们建议您买那种没有托盘的，宝宝吃饭的时候就把这个餐椅放到大人的餐桌附近就行。这样的话您的宝宝就能跟全家一起吃饭，他一边观察一边就学习了餐桌礼仪，学习如何使用餐具，如何融入全家的进餐时光。

要知道宝宝一天天长大，他的胆子也越来越大，他会自己在餐椅里爬进爬出。您可以用安全带把宝宝限制在餐椅里，以保证他的安全。您一旦发现宝宝在企图自己爬进餐椅里，一定要立即制止他。您总不会希望要等到餐椅整个翻下来压在宝宝身上，才让宝宝知道他这么做是很危险的吧？

诺兰金科玉律

家里如果有小孩子，最好不要铺桌布——孩子只要会走路了，那么他只需要把桌布轻轻一拉，就能迅速将整个桌子上放的东西都扯下来。

如果您生怕孩子弄坏了家里那张贵重的餐桌，最好的办法是把餐桌保护好，而不是不让宝宝靠近桌子。最好不要给宝宝用成人用的餐垫，给他准备一张别致的五颜六色的餐垫，有这个东西保护着，您就不用担心宝宝会用他手中的餐具戳坏您的餐桌了；也不用担心宝宝为了把落在桌上的一粒豌豆用勺子舀起来，而弄翻一整碗饭了。

宝宝长到1岁的样子,就开始喜欢自己动手吃饭了。只不过他拿勺的姿势是一把抓的。如果您觉得他已经到了差不多该自己进食的年龄了,大可以放手让他去。通常刚刚开始的时候,他会竖着将勺子塞进嘴里,其实这也表明他的手眼协调不错,您可以给宝宝围上围嘴,再在地上铺上1张报纸或垫个垫子,这样就是宝宝洒了再多的东西也不会弄脏您的地毯了。

诺兰不建议您把餐桌弄得跟战场一样硝烟弥漫。要是您强迫宝宝吃什么东西的话,那么宝宝的反应就不会好,而且他会自动将进餐时间跟厌恶情绪联系起来,一到吃饭就情绪低落。我们建议您这样做:如果您看出宝宝已经差不多吃饱了,问问他是不是已经吃好了,然后鼓励他不要离席,要等到所有的人都吃完了再一起离开餐桌。这听起来完全就是无法完成的任务,但是只要您从一点点时间开始,比如说从今天开始在宝宝吃好之后,让他再多陪大家在餐桌旁坐1分钟,然后逐渐将时间延长,等到宝宝稍大些之后,您就会发现您的宝宝真的可以在自己吃完之后,乖乖地在位子上坐着等待大家吃完之后一起离席。

吃饭的时候一定要有一个理念,就是大家是一起进餐,这是餐桌礼仪之首。所以吃饭前要告诉宝宝今天有谁跟他一起进餐——妈妈、爸爸、哥哥、姐姐。他就会很愿意数数到底有多少人一起吃饭,这样潜移默化中宝宝也学会了为他人考虑。刚开始的时候,您可以带着他一起数,到底需要从餐具盒中取多少副刀叉,等他长大一点之后就可以让他自己数了(在宝宝真正记住刀叉的用法之前,您恐怕都要一直在旁边帮他,不过慢慢您就会很幸福地发现,宝宝对刀叉的使用已经完全没有问题了)。您可以自己先摆一副刀叉给他做示范,然后将其他人的刀叉交给他来摆放。当然刚刚开始的时候他会摆错,您需要在他摆放完成之后做一些调整,但是这是训练宝宝有进餐礼貌的必经之路。

您还可以给宝宝分配另外一个任务:让他去问问大家,每个人都想喝些什么饮料佐餐？如果家里更大的那个孩子还在用塑料杯子喝水的话，您可以让宝宝为他倒上饮料并端到他面前。如果他能够给哥哥姐姐倒饮料了，那么以后就会很容易学会给所有的客人都倒上饮料了。

其他的餐桌礼仪主要是靠宝宝自己观察。比如说如果他听到您说："请帮我把菜递过来一下"或者"可不可以再帮我加点肉"，那么他也会学着这么说话的。如果您想纠正他拿餐具的方式，您可以轻声问他需不需要您帮忙，得到肯定答复之后再帮他把餐具拿好。要是您直接一把就将餐具从他手里抢下来，然后强迫他改正的话，他日后也会对别人这么做的。

诺兰还有一条铁规矩：吃饭时间，不许玩耍。您可以在盘子里装上土豆泥，然后再在上面插上一根香肠，做成刺猬的样子来吸引宝宝的注意力，但是一旦把这份土豆泥端上桌子，这个盘子里装的就是食物而不是什么玩具了，宝宝要做的是吃下去而不是玩。

> **诺兰金科玉律**
>
> 要想让宝宝轻松接受勺子进食，您需要在刚刚使用勺子给宝宝喂食的时候，每喂他一勺，自己就张开嘴做示范。这样他就会模仿你，也张开自己的嘴巴。

等宝宝在家里已经有了很好的餐饮习惯之后，您就可以带着他一起出去到餐厅进餐了。如果餐厅的服务员乐意为这个小家伙服务，而且小家伙的表现也让邻座的食客赞不绝口的话，您就会觉得带着宝宝出去吃饭是件多么让人愉悦的事情。谁会拒绝别人的表扬呢？不过有一点要注意：不是所有的餐馆都接受这么小的食客，所以在订餐前有必要先跟餐馆确认一下。

您不能指望一个蹒跚学步的小家伙在漫长的一顿饭中安安静静

地坐着,一动不动的。因此建议您在随身的包里装上1支铅笔和1个本子。这样等到小家伙对餐厅的新奇消失,开始有些无聊之后,能用来打发时间。您可以鼓励他画出他刚刚吃了什么,或者画出爸爸吃饭的样子;如果孩子稍大些的话,您还可以跟他玩强手棋。如果宝宝暂时还无法适应在外就餐的话,您最好在宝宝彻底不耐烦,开始哭闹之前就带他暂时离开餐厅,出去透透气——当然,您得跟餐厅说好你们只是出去透透气,一会儿还会回来继续吃。当然,在就餐结束之后,您应该简单地收拾一下一片狼藉的桌子。因为您带着宝宝,所以您这一桌可能会比其他桌都要费时间整理,如果您能主动收拾一下,可怜的服务员也就不至于要花上更多的时间来整理您这一桌了,这样更加彰显了您全家的"五星"礼貌习惯。

尊重小家伙

在跟小家伙们谈条件的时候,您要尊重他们——"尊重"是诺兰一贯的口号。您的孩子从出生起就是一个有着完整权利的独立个体,现在他无论是从生理上还是心理上都更有了独立个体的样子。这个小家伙在仔细观察您的一举一动,试探着您的底线。如果您尊重他,那么他就会尊重您。就是这样简单。诺兰相信,肢体语言说明一切,所以跟孩子对话的时候,您需要蹲下来或者是跪下来,这样保证您的视线与孩子的眼睛平行。如果您高高在上地俯视他,他会觉得自己渺小,无关紧要,这样的话您可能并没有说什么重话,但是孩子却接受不了。因此请尊重您的孩子,蹲下来,跟他保持视线平行,进行眼神交流。不要把双手交叉抱在胸前,要让孩子觉得您愿意接受他,愿意跟他在一起。

如果小家伙做了点让您不满的事,您最好还是蹲下来跟他谈。蹲下来,看着他的眼睛,您的怒气会自然消失——当您看到小家伙吓得双唇发抖,眼里满是泪水的时候,你还怎么忍心骂他?您会心平气和地指出他错在哪里。如果您允许的话,他会告诉您他当时是怎么想的。要让他知道,他并没有惹麻烦,这样他的泪水才会消失。让他把自己的想法慢慢讲完,然后您再告诉您您的感受。如果孩子能理解他的做法带给您的感受,或者是他伤害了另一个孩子,也理解了别人的感受的话,那么您就可以开始跟孩子协商了。孩子慢慢长大,他的想法也越来越清晰,越来越以自我为中心,此时,协商是一个不错的办法。(关于如何对待一个经常挑战您的权威的小家伙,请参见本书第八章)

> **诺兰金科玉律**
> 　　不要因为您自己觉得宝宝不能怎样,就硬生生把他从他正在做的事情中拉出来。想想,要是有个巨人直接把你拎起来,放到另外一个地方,您会气成什么样。要保持镇定,蹲下来,跟他协商,说服他停下手中的事情。只有当有危险的时候,您才能简单粗暴地直接把他拉走。

　　要是遇到了棘手的问题,光有尊重还不够。比如您要带他出门的话,那么您最好蹲下来跟他讲,这样他会更容易答应跟您一起出门买东西或是看亲戚。您可以左手拿根红萝卜,右手拿根黄瓜,让他自己选择午餐吃哪个。这样他知道他的意见得到了应有的尊重。如果家里发生了什么新的或者重大的事情,您应该跟他解释清楚。比如说搬家。这对所有的家庭来说都算得上是件大事。如果您事先不跟他讲的话,小家伙怎么能理解为什么他的玩具都统统装进盒子里消失了,那么您又怎能指望他能在这个家里乱成一团的时候,还能搭把手呢?所以要尊重孩子。

诺兰家庭密码之尊重:

- 蹲下来跟他视线平齐。
- 任何跟他有关的决定都要征求他的意见。
- 家里发生的每件事最好都要跟他讲。
- 问问他的意见。
- 要给他足够的时间和空间来表达自己。

一旦尊重成为了您的家庭哲学,您就会发现在孩子成长的每一个阶段,无论遇到什么问题,您都能迎刃而解。

双脚先行

如果您采纳了我们的建议,从宝宝出生开始就一直让他仰卧,不管是在婴儿床、婴儿提篮或者是在婴儿车里,那么您不仅仅将宝宝猝死的可能性降到了最低,而且还帮助宝宝获得了一个强健直立的脊柱。而且您家的宝宝可能会比一般的宝宝提前开始学步。

宝宝开始学步的第一步,通常是用小屁屁在地上挪动或者是手脚并用地爬行。宝宝大概从 8 个月左右开始就用小屁屁在地上挪动或者是手脚并用爬行。不管您家的宝宝到底是用小屁屁还是用手脚,从这个时候开始,您都要格外留心他的一举一动,眼光不能离开他半步。您可不能小看了宝宝的爬行速度——有的宝宝爬得非常快。所以可能一周前您还能放心地放一杯咖啡在地上,现在这么做就很危险了,宝宝随时都可能爬过去——他能把任何放在地上的东西当成他的玩具。如果宝宝喜欢摸着家具走的话,您可得随时保持高度警惕。喜欢摸着家具走的宝宝,会抓住一切他能够得着的东西站起来。沙发和圈椅当然是他们最常使用的工具了。但是他们也会扶着一张摇摇晃晃的咖啡桌,甚至是壁炉。对于这个缺乏经验的小家伙来说,要站起来,到处走走看看的决心支配着他,他哪里都敢去。

您当然也不必大惊小怪到把家里的每件家具,都严严实实地包裹起来,把整个屋子弄得跟个蜂窝似的,但是您还是有必要看看本章关于"危险的事物"的内容的,这样您才不会时不时都要抱着受伤的宝宝去医院看急诊。

一旦宝宝开始学步,他的生活节奏就加快了,但是我们建议您放缓您的生活节奏,这样宝宝才能跟得上。不要一看到宝宝开始迈出脚学走路了,就欣喜若狂冲进商店为他选鞋子,要知道宝宝腿脚上那些尚不坚硬的骨骼,还正在慢慢习惯宝宝新的体位。再等上一个半月到两个月,再去为宝宝选购他人生中的第一双合适的鞋子。如果您家里铺着地毯,而且地毯也经常清洁的话,那么宝宝光脚在上面行走也没有什么问题;但是如果您的地板是地砖铺就的,那么您最好给宝宝穿上一双有橡胶底的袜子,这样能防止宝宝意外滑倒。

诺兰金科玉律

在宝宝早上起床您给他穿衣服的时候,不要把宝宝的脚穿进他的连体衣里,让双脚露在外面,然后给他穿上一双长筒袜,袜子的末端松松地固定在宝宝的腰部,这样他在行走的时候就会有比较好的脚感了。

一旦宝宝能够掌握平衡了,您就别想让他停下来。他会张牙舞爪地摇晃着满屋子走,最后通常都是以摔倒,或者就被放在地上的他的尿布绊倒而告终。宝宝就是这样慢慢知道什么时候要转个方向,什么时候应该停下脚步不再继续前行的。双腿协调工作对宝宝而言是个问题,所以您可以教他怎么通过腰臀的动作来达到双腿的协调。这样他会学得快些,也不必摔那么多跤。宝宝学会走路之后,很快就要开始攀爬了。家里的沙发对于宝宝而言就像珠穆朗玛峰一样高,但是这也难不倒他——在这个年纪,宝宝对任何事情都充满好奇,想试试看,根本不知道什么是怕。我们敢跟您打赌,他一定会试着爬上您家的沙发的。上周您还能把他放在摇篮里,要么让他那么躺着,要么是用几个靠垫给他靠着坐着,您自己则偷个空到厨房里去忙一下。但是现在这些日子已经一去不复返了。现在的情况是,无论您走到哪儿,他都会在后面跟着。

诺兰金科玉律

您家那一尘不染的玻璃门对宝宝而言完全就透明得仿佛根本不存在一般。他会走着走着就撞上去,所以为了避免类似事故的发生,建议您在玻璃门上贴上鲜艳的警示贴纸,当然高度最好跟宝宝的视线齐平。

要想让宝宝走得更稳,我们建议您给他买一个玩具推车。这种推车上面通常都载有一些积木块,这样这个推车还能兼具积木和字母玩具的功能。不过如果您怕宝宝推着这个推车行走的时候会不小心把上面的积木块弄下来,弄坏家里的踢脚线的话,您也可以在推车上改放上一个重一点的玩具狗,告诉宝宝这是他养的宠物,教宝宝怎么给这个玩具狗喂水喂饭。

如果可能的话,您也可以跟您的爱人一起坐在地上,让宝宝在你俩之间来回走,这样也能帮助宝宝更快学会走路。这样在宝宝要跌到的时候,您能及时伸出援手,而且随着宝宝走路越来越稳,您还可以逐渐拉长您和爱人之间的距离,同时在之间安置一些障碍,比如一本书,这样让宝宝能够在行走的过程中发现障碍并学会遇见障碍物要绕道走。很快地,这个小家伙就要学习跳跃了,也要开始围着您愉快地撒欢儿了。

便　盆

　　到了这个时期,不管宝宝是站着还是蹲下,尿布对他而言都是个累赘了。也差不多从这个时候开始,宝宝就能接受有关有意识地排尿和排便的训练了。最理想的情况是,宝宝可以训练排尿和排便的时间刚好是夏天,这样宝宝就能整天不用尿布,要是万一来不及,您能马上把他抱到室外解决问题。我们并不建议您严格地对宝宝进行排尿和排便的训练,因为如果您操之过急的话,反而会适得其反,造成宝宝自主排尿或排便的困难。我们建议您一定要耐心等待时机成熟,然后再训练他。您可能早就听说过男宝宝和女宝宝,学习自主排尿和排便的时间是有差异的。其实每个宝宝的时间都是有差异的。

　　从您第一天给宝宝使用便盆开始,我们建议您做到以下四点,这样才能有效避免日后发生任何您不愿看到的情况:

- 便盆就是便盆,不是玩具。
- 便盆就是便盆,是给宝宝排便专用的。
- 便盆的清洗工作只能交给成年人。
- 便盆在使用之后一定要第一时间清洗。

　　这四条原则的意思是玩具是永远都不能放进已经使用过的便盆里的;便盆里的东西也永远不能弄到宝宝的玩具筐里。

　　诺兰要告诉您的真相
　　　　您永远不要强迫宝宝排便。强迫的结果只会导致他的反抗和愤怒。

　　便盆也和其他的宝宝用品一样,尺寸不同,颜色丰富,形态各异。您最好带着宝宝去商店,让他自己选择一款他喜欢的便盆。他一旦

有了参与感,就会更愿意在这个新便盆上上厕所了。设计良好的理想便盆应该是:

- 底座较宽,且牢实。
- 前部应该有一个"舌头",这样能防止男宝宝到处乱尿尿。
- 设计简单,易于清洗,不要有任何的铰链或者是盖子,这样容易藏污纳垢。

带着宝宝一起买了便盆回家之后,您应该找一个合适的地方放这个东西,这个地方应该是宝宝很容易就能走到的地方。如果您家有一个花园,而且时值夏日,那么您可以在花园里找个有遮蔽的地方安放宝宝的便盆。如果没有的话,您也可以把宝宝的便盆放在楼下的卫生间里,千万不要放到楼上的卫生间里,因为宝宝要上厕所的时候,是没有办法在很短的时间内爬上楼的。要是您家楼下没有卫生间的话,那么您只能在卫生与方便之间做个平衡了:可以把便盆放在杂物间的角落里,也可以把便盆放在厨房里。这两个地方通常都没有铺地毯。如果家里找不出一个没有铺地毯的地方,那么您可以在宝宝的便盆下垫一个橡胶垫子,这样就不会弄脏您的地毯了。其实您和宝宝最终决定把他的便盆放在哪个地方并不重要,重要的是便盆应该每天都放在这个地方,原因很简单,应该不用赘述了。

在家里没有小孩的时候,上厕所完全是您的个人隐私,但是现在您有了这个小家伙,如果在您上厕所的时候可以允许他在旁边看着,那么他就能更容易明白到底该怎么上厕所了。我们并不是要让您将每个细节都详细地给他看,他只要看个大概就行了,这样他自己就会学着您的样子自己上厕所了。

让宝宝使用便盆

使用便盆跟其他的技能一样,是宝宝成长过程中的一项独立的里程碑式的事件。在这之前,小家伙应该已经能够定时排尿或排便了。这样的话,您刚开始让他使用便盆的时候,就能按照他的排便时间规律定时提醒他。在这之前,宝宝可能已经能够自己主动提醒您他的尿布湿了或者弄脏了,起码应该能用手势向您表示他的尿布该换了。如果出现了这些情况,那么就是时候停止使用尿布,而改用便盆了。

一般而言,宝宝能较容易地控制自己排便,而要控制排尿就相对困难了。所以,宝宝通常不会排便在尿布上,但是却很容易就在上面尿尿。如果您的宝宝开始习惯用便盆了,而且午睡起来之后尿布依然干爽的话,那么他正在慢慢地学会控制自己排尿。午睡前可以问他要不要先去"嘘嘘"一下,然后就不用尿布睡觉。如果他答应了的话,就让他坐在便盆上,记得要帮他把"小鸡鸡"理一理,要头朝下,这样宝宝尿尿的时候,就不会弄得到处都是了。要是他尿出来了,那么您就离最后的成功又进了一步;要是他没有尿出来的话,您最好还是让他穿着尿布睡觉。等他醒了,要是尿布依然干爽,就再问问他要不要尿尿,如果要的话就把他抱到便盆上坐着。一般来说,宝宝这个时候应该是有尿的,要是他很快就尿出来了,您一定要记得好好表扬他一下,这样明天他就会自己主动跟您说他要坐在便盆上尿尿了。

还有一点也很重要:在您端起他使用后的便盆去倒掉的时候,千万不要流露出任何厌恶的神情,也不要捏着自己的鼻子,这样他会不想用便盆了,还会觉得自己脏。因为便盆里装的是从他身体里面排出来的东西。有些敏感的孩子,甚至不能看着您把他便盆里的东西倒进马桶冲走,感觉仿佛是冲走了他身体的一部分似的。所以刚刚开始的时候,最好别让孩子看着您是怎么清理便盆的,等他长大一些再让他看,同时跟他解释为什么要这么做。当然,您应该要表扬小家伙,跟他说他真的长大了,都可以自己在便盆上排便了,他已经长成一个小小男子汉了。不过也不要表扬得太过火了。毕竟排便只是生活的一个非常自然的组成部分,恰如其分地表扬一下他,给他一点小小的甜头就够了。您可以做一个表格,每次他成功地在便盆上排便,您就在上面贴一个小星星,这样他就更愿意用便盆了。

宝宝排完便后,您应该帮他擦屁屁。要等到他能非常顺畅地在便盆上排便,也能非常好地使用便盆之后才能开始让他自己擦屁屁。不管您家的宝宝是男是女,都要记得从前往后擦,您可以让宝宝弓着身子,这样帮他擦屁屁就更容易了。

诺兰倒便盆原则:

■ 先要保证宝宝的安全,然后您才能起身去卫生间倒便盆。

■ 要用一张厨房用纸或类似的东西盖住便盆,这样在您端着去卫生间的路上,就不怕万一把便盆弄洒了。

■ 把便盆里的东西倒进马桶里冲掉,然后用厕所用纸将便盆擦干净。

■ 用消毒剂和热水将便盆彻底冲洗干净。

■ 将便盆放置晾干。

■ 用消毒剂将刚才宝宝坐着排便的地方都清洁一遍。

■ 彻底清洗您和宝宝的双手。

从现在开始培养宝宝每次排便之后都要洗手的卫生习惯,那么等宝宝长大后自己独立上厕所的时候,他也会习惯性地洗手。

现在市面上有不少产品,能够帮助宝宝在需要排便的时候动作更快,而不至于尿在裤子上。我们建议您还是选择穿脱方便的裤子。因为这样您的花销最小,只是恐怕您得洗不少裤子了。最好选择纯棉质地的裤子,购买时将宝宝也带上。这种方便穿脱的裤子上,通常都印有各种各样的图案,如果您让宝宝自己选择他心仪的裤子,那么他会更加喜欢穿着。另外,最好一次性多买一些,因为宝宝会很容易尿湿裤子。

在宝宝完全习惯使用便盆之前,您需要一直提醒他。每次您自己上厕所的时候,就要提醒宝宝也到便盆那里去排便。宝宝排便的时候不要催他,就算您急着出门,也要给宝宝留够上厕所的时间。现在家里有了这么一个小家伙,凡事都要慢半拍。

户外活动

虽然现在有越来越多的商场和幼儿用品店,都会专门设置宝宝专用坐便器。但是使用公用厕所对宝宝而言依然是个难题。使用之前您要亲自检查一下马桶的卫生情况,然后在宝宝如厕的整个过程中,您都应该在他身边陪护。如果您要带宝宝长途旅行的话,您最好给他准备一个便携式便盆。这种便盆有一个塑料的坐便圈,下面的支撑杆是可折叠的,坐便圈下面连着一个塑料袋,用来装宝宝的排泄物。这种坐便器可以方便地摆放在路边,或者高速公路的休息车道上,同时塑料袋里的排泄物也易于清除。当然,您也可以让宝宝在路边找个不显眼的地方直接尿尿,但是事先全家人都要达成一致,觉得可以让宝宝这么做才行。等宝宝长大一些,能够有意识憋尿了,您也就不需要每次都面对宝宝要找个别人看不到的地方躲着人"嘘嘘"的尴尬了。

我曾经带过一个两岁半的小孩,他当时已经可以用便盆尿尿了。一切都很正常。可是突然有一天他就不用便盆了,全部尿在裤子上,瞬间家里尿湿的裤子就堆积如山。我问他妈妈,这个小家伙最近是不是遇到了什么不顺心的事情,是不是他最好的朋友离开幼儿园了。于是我又接着问他妈妈,他们有没有让小家伙自己决定一些事情,回答是否定的。我建议她多给小家伙一些自主权,让他自己做选择。其实事情就是这样简单。于是我们早上起床的时候都让孩子自己选择穿哪件 T 恤,配哪条裤子。就这么一个小小的改变,孩子不愿使用便盆的问题很快就得到了解决。

——保姆莎拉

如果宝宝整个白天都不会尿湿裤子的话,您就可以开始尝试着晚上也不给他使用尿布了。

甜蜜梦乡

许多育儿书籍都会建议您,要想办法哄宝宝睡觉,在宝宝很小的时候就要让他到点就乖乖睡觉。其实这些建议只注意到了要让宝宝安安静静地睡觉,而忽略了宝宝的主观愿望,不管宝宝是不是愿意一个人在床上这样躺着,也不管宝宝会不会害怕。诺兰育儿机构在一个世纪期间照顾过数以千计的宝宝,但我们从来都不会规定宝宝什么时候该睡觉。我们更愿意跟宝宝一起建立起一种睡眠规律,到了宝宝该睡觉的时候就做一些事情,当然,这些事情应该是每天到了睡觉的时候都会做的,让宝宝条件反射般知道自己该睡了。我们把这些睡觉前要做的事情叫做"睡前准备",通常包括这些:

- 给宝宝洗漱,让他尿尿。
- 给宝宝喝一杯热奶。
- 讲一个睡前故事。
- 跟宝宝吻别,道晚安,然后熄灯。

这样的睡前准备每天都要定时做,不管您是在家里还是带着宝宝在外旅行,这样宝宝的生物钟才能慢慢建立起来,到了睡觉的时候宝宝的活动就会渐渐慢下来,缓缓进入梦乡。

您可以在宝宝睡前给他放舒缓音乐听,但是记得要坚持下去,每天都要放给他听,就算您是带着宝宝出门旅游或探亲访友,也要记得带着同一碟 CD,在宝宝睡前放给他听。否则要是哪天您忘了给他放音乐,他就会觉得那天是个特别的日子,会迟迟不愿睡觉的。我们曾经接待过两个家庭,平时他们每晚都在宝宝睡前放舒缓音乐给他听,但是出门旅游的时候忘了带上那碟 CD 了,说到这里,您大概也知道结果会是什么样的了。

如果想让宝宝尽快入眠,那么尽可能让宝宝睡前不要看电视,也不要做什么体育运动。这两件事情都只能让宝宝更兴奋,而不会有助于宝宝安静下来。

如果宝宝的午休影响到了他夜晚的正常睡眠,那么您可以缩短宝宝午休的时间,或者将宝宝的午休时间提前,但是千万别直接就不让宝宝睡午觉了,午休对宝宝的生长发育还是很重要的。现在宝宝可以无需借助外力,自己就能坐得稳稳的,那么您可能在忙自己的事情的时候就想打开电视让宝宝看。其实您不如让宝宝睡觉,这对他的生长发育更有利。有一点宝宝跟大人很不一样,就是如果宝宝累了,他反而会更兴奋,而不会像大人一样恹恹思睡。如果宝宝睡眠不足,他的行为和情绪都会受影响。午休能帮助宝宝将早上学到的知识记到脑子里,还能帮他恢复良好的情绪状态。其实英语里用"sleep on it"来表达"让我想一想"的意思是很有道理的,人在睡眠的时候大脑能巩固白天所学到的知识,所以睡眠对于宝宝大脑的发育也是至关重要的。当然,您也应该尽可能让宝宝平躺在手推车里,把他推到室外午休,这样他能呼吸到更多的新鲜空气。

除了午休之外,宝宝还需要充足的夜晚睡眠。绝大部分的宝宝每晚需要 10～12 小时的睡眠时间。研究表明,就是 10 多岁的青少年每晚需要的睡眠时间大概也在 10～12 小时。"早睡早起身体好"这句话是很有道理的,可不仅仅是我们诺兰的金科玉律哦。

一旦您帮宝宝建立起了他自己的睡眠规律,一定要给家里的奶奶、外婆、保姆都讲清楚,这样即便您哪天有事出去了,她们也能替代您帮助宝宝按照他的睡眠规律休息。

如果我照料的宝宝有睡眠障碍的话,我就会给他用"诺兰闹钟"。这个东西是我从诺兰育儿培训机构毕业的时候得到的,看不到,摸不着,但是却有着非凡的魔力。只有保姆和爸爸妈妈才听得到"诺兰闹钟"发出的声音,每次宝宝睡晚了,闹钟就会响。如果宝宝哪天睡得实在太晚了,那么宝宝自己也能听到这个"闹钟"的声音了(其实就是我自己手机上的闹钟声音)。这种方法屡试不爽,对任何一个宝宝都有效。我每次合同到期离开之前，就会很郑重地将这种方法介绍给这家的爸爸妈妈。

——保姆阿丽塔

该给宝宝换张大床了

现在宝宝差不多两岁了，他之前一直睡的那张婴儿床对他而言已经太小了。该给宝宝换张大点的床了。同样，给宝宝买"儿童床"的时候您也应该带着宝宝一起去。让他在卖场的床垫上跳一跳，躺一躺。让他亲身参与事情发生的每一个环节，他会很高兴。这样就能有效减少换床给宝宝带来的焦虑。下面列出一些在买床之外还需要一起购置的物品：

■ 一张好床垫，当然您要知道这张床垫在宝宝幼儿期完成之后又需要被换掉。

■ 床垫保护垫，这样能防止宝宝意外尿湿床垫。

■ 尺寸匹配的垫絮。

■ 枕芯和枕套。

■ 临时的护栏以防止宝宝夜里翻身掉下床(可选项)。

如果您要给宝宝买枕头和被子的话，那么让他自己选他喜欢的枕套和被套。因为到这个年龄的宝宝，应该有他自己喜欢的故事书里的人物形象了。

临时护栏是为了防止宝宝在刚刚换床的适应期里翻身滚下床。这个护栏其实就是一张网，用一个架子支撑着，架子的两端可以夹在床垫下面固定住。您可以先给宝宝盖好被子，再用一张床单盖在被子上面，然后把床单左右两端都塞进床垫下面压住，这样也能防止宝宝从床上滚下来，而且无需花额外的钱。我们认识一家人，他们家孩子5岁了，睡觉时依然用一个谷物填充的大大的绒毛玩具，一只有些年代的很漂亮的薰衣草兔子，放在靠外那一侧的床边上，这样来防止孩子夜里睡着了滚下床。

诺兰金科玉律

如果宝宝觉得他的新床实在是太大、太空了,您就可以像上面说到的那样,用一张额外的床单把宝宝和被子一起裹在里面,另外可以把宝宝脚那头的被子卷进去,这样宝宝的脚那头就不会太空了。

如果您想尽了办法也不能让小家伙爱上他的"儿童床"的话,那么暂时不要撤掉婴儿床。一定要等到孩子非常愿意在他的新床上睡了,再把婴儿床撤走,否则结果就可能是家里的婴儿床已经撤走了,但是小家伙又拒绝在新床上睡觉。

尿 床

尿床不仅仅让父母觉得很伤神,其实小家伙自己也倍感压力。诺兰有一条亘古不变的规定:您决不能因为宝宝尿床就对他发火,也不能因此表现出任何的不满。要是小家伙尿床了,这只是一个偶然事件而已;要是大孩子尿床的话,您就该想想到底哪里不对劲了。要给孩子解释的机会,如果您觉得是因为身体的原因的话,一定要去看医生。

如果宝宝晚上没有再使用尿布了,那么睡觉之前一定要让他先上一趟厕所,如果有必要的话,在您上床之前再叫宝宝起来上一次,这样就能保证宝宝整夜不尿床了。如果不幸的事情还是发生了,一定要保持镇定,好好安慰小家伙。换上干净的新床单,让他继续睡。

噩 梦

随着宝宝想象力的一天天发展,您的宝宝也开始幻想他看到了某个根本不存在的东西,或是听到了某个根本没有的声音。他会觉得床下躲了个妖怪,他会开始怕黑。放轻松,这是宝宝成长的一个必经阶段,总会过去的。深呼吸一次——要知道,您觉得这些妖怪之类的只是臆想出来的,但对宝宝而言,他就觉得是真真切切存在的。您可以当着他的面,检查一下床底下,再打开壁橱给他看看,这样他就知道屋子里就他一个人,没有什么妖怪了。您可以每天在宝宝睡前都跟他一起,这样把屋子的每个角落都检查一遍,直到宝宝不再有这样的想法。学龄前的儿童,就连更大点的孩子夜里都会做噩梦。宝宝做噩梦的哭闹声会惊醒全家人,保持镇定,安抚好小家伙,让他慢慢重新睡着。如果孩子大些的话,您最好第二天跟他谈谈这事,因为有可能是他身体上的某种不适引发的噩梦,比方说他咋天在学校打了架。

处理梦游宝宝之注意事项

千万别唤醒正在梦游的人。轻轻扶住梦游的孩子的手,悄悄将他领回床,注意整个过程要轻轻的,别惊醒他。万一他突然醒了,要打消他的疑虑,然后让他回床上睡觉。如果孩子的卧室在楼上,他又经常梦游,那么最好在睡觉前关好楼上卫生间的门,在楼梯上也设一道闸并关好,这样孩子就不会在梦游中跌下楼了。尽可能跟孩子一起追溯他梦游的深层根源:跟他谈谈他生活中到底发生了怎样的变化让他感到焦虑。

第一颗牙

宝宝长牙的时候就不是一个小天使了——小家伙完全变成了一头脾气暴躁的灰熊。而且在他牙齿完全长出来之前，他会一直都像头灰熊一样。

他会先长出下门牙，然后是上门牙。宝宝 1 岁左右会长出臼齿。到二三岁的样子，宝宝就会长齐所有的 20 颗乳牙。宝宝长牙的时候，除了能够在他的牙床上看到一个小小的雪白的凸起之外，您还会观察到以下现象：

- 宝宝露出痛苦的表情——这是因为宝宝的牙齿在萌出的时候，给宝宝的颌骨造成的疼痛。
- 宝宝的牙床和脸颊都会有些红肿。
- 宝宝会不停地流口水。
- 宝宝会喜欢咬东西。
- 宝宝体温升高（但一般不会高过 38 ℃，超过这个温度就是发烧了）。

要是这期间宝宝出现了发烧或者腹泻的症状，建议您就医，因为这些症状就不是简单的长牙的表现了。

随着宝宝牙齿的逐渐萌出，您可以为宝宝做点什么事情来减轻他的痛苦：

- 您可以给宝宝使用牙咬胶，这种东西可以放在冰箱里冷藏（千万不要放进冷冻室里），宝宝不舒服的时候，可以从冰箱里取出来让宝宝咬。千万别为了省事，直接用一根绳子把这个咬胶系在宝宝的衣服上，这样会有让宝宝窒息的危险。
- 如果宝宝已经开始在进食辅食了，您可以给他一根胡萝卜条或者是苹果块儿，这两样东西都能让宝宝舒服地磨牙。

■ 可以给宝宝喝一些冷饮,但不能是冰的。

■ 如果上面的这些方法,都不能减轻宝宝长牙的痛苦的话,您也可以给宝宝用一点长牙用的凝胶。这其实是一种家用的效果温和的麻醉剂。所以在使用之前一定要先咨询药剂师。您先洗净手,然后用手指将凝胶轻轻涂抹在长牙的牙床上。当然还要认真阅读长牙凝胶外包装上的使用说明。

■ 不到万不得已,尽量不给宝宝使用止疼药。如果要使用的话,也要认真阅读外包装的剂量使用建议。

如果宝宝的口水让他的嘴唇周围出现了红疹,您可以随时用纸巾轻轻将宝宝的口水蘸干。同时也可给红疹部位涂一点凡士林软膏,当然,还要多抱抱宝宝,让他觉得安慰。

外 出

从宝宝开始学步到他能够摇摇摆摆走路,您就可以不再用婴儿手推车了,因为宝宝会时不时要自己走路,所以建议您外出的时候,给宝宝准备一个更轻便易携带的推车。可以买一个童车。之前我们曾建议过,您给宝宝买那种宝宝坐进去能面对着推车人的折叠婴儿车;那么现在我们的建议也是一样的:买一个小家伙坐进去之后,能面对着爸爸妈妈的童车——因为小家伙此时大脑的发育速度是空前的。2008 年英国曾经公布的一个研究结果表明(参见《跟宝宝说话》,敦迪著/萨顿信托(Sutton Trust)),如果长期给孩子使用那种坐进去不能时时面对推车人的童车,那么孩子开口学会说话的时间会推后;孩子坐进童车里会心跳加速,也不太会在童车里安然入睡。研究者认为后面两项结果表明,孩子在这样的童车里有更大的心理压力。有研究显示使用那种能随时与推车人面对面的童车的孩子,其心率相比之下会更低,那么这也正好印证了上述观点。

如果您无法看到孩子的脸,那么你们就无法交流。有研究显示能面对面的父母与孩子,相比无法面对面的父母和孩子,前者的微笑和大笑次数显然要高于后者。其实面对面就是交流最简单的形式,这种简单形式慢慢就会进步成语言交流和学习过程。您在选婴儿手推车的时候,要选择那种上面贴着"边走边聊"标志的。同样,在选童车的时候,也要选有这个标志的。除了这个问题,您还要选那种有安全带的童车,这样才不至于让宝宝从童车里摔出来——这个跟选婴儿推车也是一样的。

您带着小家伙出门到处逛的时候,要随时记住,其实街上很多人,汽车司机啊,商店里的售货员啊,街上的路人啊都可以随时伸出手帮你一把——所以如果需要帮忙的话,千万别不好意思开口,千万别自己很辛苦地推着小家伙到处购物,这样做的结果是您最后会把所有身体上的劳累都化成满腔的怒气,撒在小家伙身上。一般来说,像是帮助开一下门啊,帮着把童车推上楼梯这样的举手之劳,只要您开口,大家都不会袖手旁观的。

危险动作

在您看到宝宝一夜之间就会做某件事情或某个动作之前,其实小家伙已经背着您练习了不知多少次了。想想还真的挺后怕的:小家伙自己很可能已经从他的婴儿床里爬出来过,他可能已经在家里的楼梯上爬上爬下,甚至可能自己把冰箱的门都打开过,然后所有这一切都是在您不知情的情况下发生的。其实小家伙是在探索世界呢,探索世界也未必就是危险的。

室内安全

从宝宝能够爬行那天起,您就应该弯下腰来,看看宝宝能够够到的世界里,有些什么潜在的危险。记住,小家伙可随时都在关注着您的一举一动。他要是看见您在地上爬,他很可能会学着您的样子也在地上爬——那就一起爬吧。在你俩一起爬的过程中,告诉他在客厅里有哪些地方是不能去的,到了厨房里看见壁橱和一扇扇的门,又要注意些什么? 这些安全措施,您最好在小家伙开始他的探索之旅的第一天就告诉他,并且时时讲,常常讲,将安全须知变成您和宝宝生活中的一项例行公事,这样您就不用整天紧绷着神经害怕宝宝出事,恨不得把整个家都用海绵给裹个严严实实的了。

等到宝宝走路走得比较稳的时候,您就可以告诉他,在家里走动应该注意些什么,这样您就不需要给楼梯上下都安个闸门,还要给所有的壁橱都上把锁了。我们建议您用小家伙能够接受的方式,教会他该怎样在家里行走,该怎样应对家里那些家具。当然是用一种有趣的方式,这样他们就不会觉得您是在说教了。比方说家里那段让您头疼的楼梯吧,其实您只需要花一天的时间,跟小家伙一起玩一个"珠峰探险"的游戏就能轻松搞定。找一根绳子,准备一个帆布背包,里面装一些宝宝喜欢的玩具、果汁和饼干,然后您就可以领着小家伙在你家的"喜马拉雅山"上开始探险了,多练几次,小家伙就能轻轻松松安安全全地上下楼梯了。要是小家伙的自理能力很强,喜欢自己从冰箱里取东西,但每次都不记得关上冰箱门的话,您可以找个机会,比如您在厨房里做饭,让小家伙帮您从冰箱里取您需要的东西,每次只取一样东西。每次他成功地找到您让他取的东西之后,您都在他背后提醒他要及时关上冰箱门。这样,将一个简单动作重复若干次之后,他就会知道,当他自己独自做这件事情的时候,也要完成这个动作。

成长的过程中危险处处存在,但身为家长,身为照顾宝宝的人,您有责任和义务确保宝宝的安全。有些危险您需要提前告诉宝宝,让他自己知道要避开。而有些危险则需要您时刻不放松警惕。您自己就不能含着棒棒糖还满屋子乱跑,您也不能让大孩子带着小孩子玩乐高积木——要是大孩子要玩,也得在他们自己的卧室里玩。诺兰的安全守则算不得详尽,但我们还是建议您从头到尾仔细阅读,慢慢地您就知道该怎么判断对孩子而言什么是安全的,什么是不安全的,什么行为应该予以纠正。

诺兰家庭安全守则:

■电源插头插座是蹒跚学步的小孩子的禁区。您从一开始就要让他明白,他不能玩灯具的开关,也不能自己去开关电视。他不能把插头插进插座里。最好买那种插座保护罩,把孩子房间里和楼下客厅所有的插座都塞好,这样小家伙就没办法把自己的手指或者玩具塞进插座孔里了。

■电器上的电线对刚刚会走路的宝宝也很危险。他们会不小心被电线绊住,把电线连着的台灯、DVD 机都摔到地下去。如果可能的话,您最好把这些线好好安置一下,藏在地毯下。如果实在不行的话,就用胶带把这些线固定在某个位置。

■厚重的门对小家伙的手而言也是潜在的危险。他们会把手伸进门和门框的缝隙中,这样就会把手夹住。所以从现在开始,您应该随手关门。当然,也可以给门安装门吸。这样小家伙的手就不会被夹住了。

■窗户防护装置是否必要,关键取决于您家的窗户开合有多么容易。要是宝宝房间的窗台较低,他能爬上去的话,最好还是装一个防护装置。楼上的房间里建议您不要靠着窗户摆放家具,因为要是您靠窗放了家具的话,孩子就可以顺着家具爬到窗台上了。不过,如果您从一开始就不让宝宝自己爬到客厅的圈椅上的话,那么您的宝宝到了这个年龄段就相对安全,因为他不太会爬上窗台去摆弄窗闩,除非他个子够高,不用爬,惦着脚尖就能够到。

■ 厨房对刚刚学会走路的小家伙而言,可是个危机四伏的地方。不要光是想到了要将所有的东西重新摆放,以保证孩子不会碰到,最重要的还是要给宝宝建立一些最基本、最重要的规则。不仅要告诉宝宝他不能碰炉子,您还要告诉他怎样判断炉子是烫的还是冷的。通常炉子在使用时都是烫的,所以告诉宝宝这点就尤为重要了。您做菜的时候,尽量使用靠墙的炉盘做菜,不要使用靠外面的,而且做菜的锅要是有手柄的话,也尽量不要把手柄朝外,这样小家伙就不容易够到手柄了。刀具要放进高处的抽屉里,最好还能加把锁锁起来。水壶最好也放在操作台靠墙的地方。厨房里所有的抽屉和壁橱,最好都能上锁,就是那种小孩打不开的锁,只有孩子没在厨房的时候,您才把锁打开。

■ 清洁剂应该放到孩子够不着的地方。很多家庭都把清洁剂放在水槽下方的橱柜里,这个柜子一定要装上防止小孩擅自开启的锁,就算是所有的清洁剂都是装在有童锁功能的特殊瓶子里的,也需要给门装上锁。

■ 药品和家庭药箱也需要放在孩子够不到的,高一点的柜子里,最好放在他们看不到的地方,因为小家伙的好奇心总是很强的,他什么都想放进嘴里尝一尝。要是小家伙能熟练地搭个小板凳够到高处的壁柜,那么建议您把药物和其他所有不能让他随便接触的东西都锁起来。

■ 楼梯闸,特别是在楼梯下方位置,对您家里的宝宝是很有用的。装了这个东西,您就能安安心心地洗个澡了,不用担心宝宝会从他自己的房间下楼的时候摔下去了。要是市面上标准尺寸的楼梯闸都不适合您家楼梯的话,您可以自己动手做一个。不过在安装楼梯闸的时候,不要让小家伙看见门闩的结构是怎么回事。因为他本来就对这个东西好奇,会长时间研究这个东西,要是您不小心在安装的时候让他看见了,那么他很快就能自己破解其中的秘密了,门闩对他也就不起作用了。

■ 楼梯栏杆——现在我们家里的楼梯栏杆都符合这样的设计标准,就是栏杆和栏杆之间的距离都小于孩子的头部的直径,也就是说孩子的脑袋不会被夹在两根栏杆之间。但是老房子里的楼梯栏杆可能就不是这样设计的。这也需要我们诺兰育儿机构和爸爸妈妈们一起动脑筋,找出能安全使用楼梯栏杆而又不会让宝宝受到伤害的方法。

■ 临街大门要随时紧闭,防止小家伙不知不觉地走出大门,自己上街。

■ 火和暖气片都是孩子要避开的禁区。要告诉宝宝,这些东西都很烫,这样他自己就会注意躲开了。火炉栏能保护宝宝不受伤害,尤其是宝宝走路不稳,但是又总喜欢到处走走看看的时期。

■ 热饮原来是摆在桌上的,现在最好放在高处的隔板上。否则,为了避免宝宝把自己烫伤,您恐怕只能在宝宝午休时间里忙里偷闲地给自己来杯热饮了。

■ 含酒精的饮料都应该锁上。

■ 家具上所有尖锐的棱角解决起来有些难度。要是您不愿意用海绵把每个桌角都包起来的话,那么可以用圈椅挡在桌角处,这样宝宝就看不到桌角了。至于餐桌和厨房橱柜的转角,您可以在婴儿用品商店买到防撞安全转角来装上。要是您刚好需要购置新家具,那就是最好了,您可以直接买转角是圆弧形的家具,这样这个问题就不存在了。

■ 马桶和马桶盖应当随用随关,这样孩子就不会把玩具扔进马桶里了,而且使用后冲水时也比较干净。如果小家伙超级好奇,总喜欢把马桶盖子掀开的话,您可以给马桶盖子加把锁。

■ 热水龙头是绝对不允许宝宝碰的,这个规矩从他第一次洗澡的时候就要让他知道。每次不管他洗手还是洗澡,您都要把这个规矩重复一遍给他听,还应该告诉他为什么不能碰。宝宝娇嫩的肌肤一旦被烫伤,后果是非常严重的。

■ 防滑浴室垫是有宝宝家庭的必备之物。它可以帮助防止宝宝在浴室滑倒,头磕在坚硬的陶瓷洁具上。

■ 花园和凉棚也是危险高发地。您最好仔细检查一下您的花园,看看有没有什么危险的工具没有及时收拾起来放好,比方说农药忘记放进凉棚里的高置物架上了,给花园浇水的软管还接在水龙头上没有取下来之类的。另外,还应该想想花园里到底有些什么植物。洋地黄、绵地草、风信子,当然还有其他许多花,有的有毒,有的是强腐蚀性的植物,再加上小孩子对植物的反应本来就要比成人更加敏感,所以这些植物对宝宝而言危害就更大了。如果您家的小家伙喜欢在花园里肆无忌惮地探险,那么您最好将那些对宝宝不利的植物都挖走,否则您就只能牵着宝宝的手在花园里走了,一边走一边告诉他哪些东西是不能碰的,哪些地方是不能去的。其实这样也好,您一方面给宝宝进行了安全教育,另一方面也将一些基本的园艺常识讲解给他听了。您可能需要花一段时间这样每天陪他到花园里散步,给他一遍又一遍地重复讲解,之后才能放心让他在户外玩耍。

■ 花园里的水池对小家伙来说充满了诱惑。因此如果可能的话找个东西把水池遮起来,最起码要做个篱笆把它拦起来不让小家伙靠近。

■ 车道和有栅栏的区域也需要您仔细看看,看的时候还是要想同样的问题:"孩子会不会出事?"您可以找个法子暂时将有栅栏的区域遮起来,不让宝宝看到,当然也要清楚地让宝宝知道,车道是绝对的玩耍禁区。

诺兰金科玉律

　　每次给宝宝讲"禁区"的时候,不要简单粗暴地说:"反正你就是不能去。"您还应该告诉他为什么。如果您只是简单说"不行",而不告诉他为什么的话,您反而激发了他一定要去看看的好奇心。其实孩子是很聪明的,只要您一遍遍告诉他不要去某个地方,并且一遍遍解释原因的话,他就会听您的。

外出安全须知

　　如果您要带着宝宝出门,那么建议您阅读下面的汽车安全须知、人行道安全须知和陌生人安全须知。

　　诺兰汽车安全须知:

　■ 只有爸爸妈妈和司机才能开关车门,这样能有效防止小家伙的手被车门夹住。

　■ 一定要让爸爸妈妈来帮忙系上儿童汽车安全座椅的安全带。

　■ 不能在后座的行李架上摆放任何玩具,一旦出现紧急刹车的情况,这些玩具就会以很快的速度和很大的力量往前冲,对宝宝造成伤害。

　■ 不能玩耍汽车安全带。

　■ 不能做任何分散司机注意力的事情,比方说把喝完水的杯子往前扔之类的。

　■ 小孩不允许在前排座位就座。

　■ 小孩不能坐在正前方有安全气囊的位子。

　■ 小孩在整个汽车行驶过程中,不允许将车窗摇下或将头手伸出窗外。

> **诺兰金科玉律**
>
> 您帮宝宝系安全带的时候一定要记得把车钥匙取下来装在衣服口袋里。有的小家伙很调皮,他们会趁您从后排座位走回前排驾驶座的空当,马上把车门关上锁死,然后他们才不会乖乖听话地把门打开。看着您打不开车门的抓狂样子,他们会觉得这个游戏好玩极了。

诺兰育儿机构的很多保姆都受过汽车保养方面的培训。这样万一遇到汽车半路抛锚的情况,他们就能简单处理一下继续上路,而不至于跟宝宝一起被困在那里了。另外,诺兰育儿机构的绝大部分保姆都受过冰雪湿滑路面驾驶训练。在任何情况下,他们都会尽可能保证自身以及受照顾的宝宝的安全。

诺兰人行道须知:

■ 在过马路的时候一定要牵着孩子的手,或者用"学步带"拉着也行。不管孩子多大,这条守则都管用。我们认识一个孩子,5岁了,出门的时候遇到人多拥挤的场合,或者在城市主干道上走的时候,家人还是会紧紧拉着他的手。

■ 一定让孩子走人行道内侧以避开一旁的车辆。

■ 孩子大些之后就可以让他走在您前面,但是遇到转角的时候,一定要让他停下来等着您,他还是应该一直都在您的视线范围之内。

■ 过街的时候一定要走人行横道,先停一停,看看两边,再听一听。

■ 过街的时候要走斑马线或自控人行穿越道。

■ 一定要等到指示灯上面表示可以通行的小绿人出现之后,再带着孩子过街。您需要帮助宝宝遵守这个规则,而不是让他自己判断什么时候可以过，什么时候不能过。

> **诺兰金科玉律**
>
> 车驶进停车场放好之后，先把童车从车里拿出来放好，然后把包拎出来，最后才把宝宝抱出来。逛完街购完物要开车回家的时候，则刚好相反，要先让宝宝坐进车里，然后再把大包小包的东西放进去。这样宝宝就不会趁着您把东西拿下车的空当，一下车就满地疯跑了。

陌生人安全须知：

■ 要教会宝宝懂礼貌，但是也要简单地告诉他，只有跟爸爸或妈妈在一起的时候，才能跟陌生人打招呼。要是一个人在幼儿园的话，他可不能隔着幼儿园的大门，直接向着街上路过的陌生人打招呼。这一点您需要跟宝宝做一个简单的解释，但是注意解释的时候要放轻松，不要一副如临大敌的样子。

■ 要让宝宝记住家里的地址和电话号码，随时检查，考考他，看看他是不是都记住了。

■ 告诉宝宝遇到问题找警察叔叔，告诉他警察叔叔一定会帮他的。

■ 不要把宝宝的名字写在贴纸上，粘在衣服外面——这样的话就连路人都知道您宝宝的名字了，他们一叫出宝宝的名字，宝宝就会很轻易地信任他——宝宝觉得要是这个人知道自己的名字，那么就一定认识妈妈了。

■ 告诉宝宝，万一有谁要把他抱走，他可以大哭大闹，又抓又挠。

■ 教会宝宝，万一他迷路了，或者遇到其他什么情况需要求助的时候，他可以找警察叔叔，或者是商店售货员，要不然就是身边也牵着一个孩子的叔叔、阿姨、爷爷、奶奶。

　　我们当然希望您宝宝在成长的过程中永远都不会遇见一个对他居心叵测的陌生人。我们成年人是很难理解什么样的行为举止会让小孩子觉得不安。有的时候就算是遇到一个心地善良的陌生人,他的举动也会吓着宝宝。所以建议您跟孩子聊一聊,让他告诉您,什么样的动作会让他觉得不安。如果他之前听说过坏人对小孩子为非作歹的事情,那么就算是他遇到的陌生人是个好人,愿意伸手帮他,他也会被吓到的。其实只有您自己才知道您宝宝一举一动的意思,您才知道宝宝什么动作表示他已经被吓倒了,什么动作表示他现在很焦虑。宝宝一天天长大,越来越独立,他的想法也在一天天变化,您应该对这些变化保持一种开放心态。

> **诺兰金科玉律**
>
> 　　对宝宝而言,要是他在商场里走丢了,他会惊慌失措的。为了防止此类事情的发生,您可以事先跟宝宝玩一个游戏。要是他走丢了,他就在原地不动,高声叫:"一 ——二——三,你们在哪儿?"要是没看见爸爸妈妈,就继续喊,一直喊到您出来为止。这个时候,您就应该像一艘快艇一样,朝着灯塔的方向全速返航,到达目的地之后给宝宝一个肯定的拥抱。

　　在宝宝小的时候,您都需要反反复复地告诉宝宝,什么是安全的,什么是危险的。不过您最好不要只告诉他"不能"而不告诉他为什么不能。当然,在某些时候,您看到了危险而宝宝却浑然不觉,当时您只能用尖叫来警告他;还有些时候宝宝完全沉溺在某个东西或某件事情中,您一眼看到了潜在的危险,这个时候最有效的办法,就是直接将宝宝抱开。我们生活在一个真实的世界中,所有的孩子都会面临这样或者是那样的危险,所以一方面请不要吝啬您的尊重、建议和鼓励,另一方面也要在面对危险的时候及时阻止,保证宝宝的安全。

　　还有一点请记住,您的一举一动宝宝都看在眼里,他在潜移默化中向您学习。所以您自己也要注意自己的言行举止。如果他已经开始在模仿妈妈爸爸的动作了,那么您可以适时地鼓励他帮您"干点活儿",比方说帮您打扫一下卫生,和您一起做做饭。

第四章　诺兰必读之饮食建议

为宝宝准备营养美味的食物，自然是一件非常愉悦的事情。但是事实恰恰相反，许多新手父母都为这件事情头疼不已，特别是那些没有时间亲自下厨，或者是厨艺不佳的爸爸妈妈。本章将给您一些小技巧、小贴士，告诉您怎样帮助宝宝断奶，怎样让宝宝吃得营养健康。我们会告诉您一些基本的饮食卫生知识，照顾到宝宝饮食相关的方方面面：从令人头疼的宝宝进食细节问题到如何培养宝宝良好的餐桌礼仪。我们同时还给您介绍一些操作便捷，又新鲜美味的宝宝食谱。另外，本章还鼓励您和宝宝一起在厨房里共度快乐时光，一起制作，一起分享营养美味的饭菜。

饮食卫生和饮食安全

诺兰育儿机构一直都要求自己以孩子的视角和眼光，去审视每一个家庭的厨房，看看有哪一些被大人们遗忘的犄角旮旯里还隐藏着什么让孩子感兴趣的玩意儿。本书前面已经提到过，所有的餐具、水壶和电源插座对宝宝而言都是潜在的危险（详见第三章"诺兰家庭安全守则"）。除此之外，您还需要保证您的厨房是健康卫生的。因为宝宝和小孩子的免疫系统尚在健全过程当中，容易感染胃肠道疾病。有的东西大人吃了没事，但是孩子就不行了。坚持一些基本的原则,保证厨房的健康卫生,就能让胃肠道疾病和食物中毒远离您的宝宝。

宝宝还可能会在厨房的地板上爬,所以厨房地板也要经常打扫、擦干净。您要知道,要是您做菜的时候弄了一些什么在地上,您没有及时清理,家里的狗也还没来得及吃进肚子里的话,宝宝可能就直接捡起来放进他嘴里了。所以您可得随时随地关注有没有什么东西掉在了厨房地上这一片属于宝宝的广阔领域里。

诺兰建议您尽量减少使用化学的清洁喷雾,现在有专家认为有些小孩子的常见疾病,比如哮喘,就与家用清洁制品的广泛使用有很大关系。尽量选择环保产品以避免不必要的化学制剂,也可以选择一些上一辈人使用的抗菌清洁用品,比方说浓度较低的白醋、小苏打、柠檬汁或者是茶树油。

> **诺兰绿色清洁用品小贴士**
>
> 如果是要清洁水槽、瓷砖、餐桌或者厨房工作台的话,您可以将两份小苏打加一份醋(柠檬汁也行)混合后使用。如果想要有净味效果的话,您可以在这个混合液中再加上一两滴柠檬精油。先用这个混合液将待清洁的部分擦洗一遍之后,再用水清洗,最后用干净的湿毛巾擦干。

您也不用过分重视厨房的卫生,最后搞得非要让厨房干净到纤尘不染才肯罢休。其实宝宝不需要在一个完全无菌的环境下长大,只要大致卫生、安全就好了。其实要让家里处处都干净到绝对一尘不染是不现实的,我们认为在孩子的日常生活中,让他接触一点点的不干净的东西是没有问题的,这反而会有助于宝宝免疫系统的完善。因此,放轻松,不要绝对干净,干净就很好了。

与其时刻不停地擦擦洗洗,不如让家人养成一个餐前洗手的好习惯。从宝宝断奶后开始坐上餐椅吃主食起,您就应该培养他饭前洗手的习惯。您可以编一个洗手的儿歌唱给他听（比方说那首大家都知道的《我们就是这样洗手的》）。只要您能将洗手变成一个有趣的事情，您就会惊喜地发现，就是年幼的宝宝也能够遵守日常卫生的好习惯。

我家的宝宝可以断奶了吗？

现在您家里的厨房已经干干净净的，里面所有会对宝宝有危险的东西也都收拾好了，那么对您和您的家人来说，见证宝宝成长过程中"食物里程碑"的时刻即将来临——这就是宝宝断奶，开始进食固体食物的那一刻。

在宝宝刚出生的头几个月，他只喝母乳或配方奶。等宝宝长到6个月左右的时候就可以开始进食固体食物了。如果宝宝是不足月的早产儿的话，那么他进食固体食物的月龄可能要适当推后，所以我们还是建议您咨询健康顾问或者医生，然后决定什么时候给宝宝断奶。

宝宝出生后，体内的铁一直都在消耗，到6个月大的前后，他在母体内发育时存储的铁就消耗得差不多了，这就是为什么宝宝需要从6个月起开始进食固体食物。通常您会发现宝宝出现了一些明显的异常现象，这些现象就在告诉您，他需要进食固体食物了。您可以看看自家宝宝是不是有如下现象。

诺兰"可以断奶"信号表：
- 他会不会在正常喝奶完毕之后还哭闹着，仿佛没吃饱？
- 两次喂奶之间的间隔时间是不是越来越短？
- 他夜晚醒来的次数是不是越来越多？
- 他是不是开始表现出对成人食物的兴趣？
- 他是不是开始想把手上拿着的东西放进嘴里吮吸甚至咀嚼？

要是宝宝可以断奶了，诺兰建议您给宝宝吃家里自己做的新鲜食物(当然最好是有机的,当地自产的)。等等,您千万别看到这里就尖叫一声,把书一扔,从沙发上跳起来,冲向最近的超市去买那种罐装的苹果泥——停!我们要先把这个事情说清楚:绝大部分父母都会在家给宝宝吃超市里买的现成的宝宝辅食,这么做一点问题都没有;市面上出售的现成的宝宝辅食中的确有非常不错的选择。但是,从长远来说,您家里自己烹调的食物更经济,对宝宝也更好,因为您自己非常清楚这些食物到底是什么,制作的过程中您到底往里面放了些什么。

自己动手为宝宝烹调辅食,其实只需花费您一点点的时间来做准备。只要您熟练了,事情就会更简单容易,容易得就像您打开一罐现成的辅食,然后把它加加热一样简单。

做好准备——开始

在您真正开始着手为宝宝烹调辅食之前,您得先购置一些东西,这样您烹调起来会更得心应手的。

诺兰辅食制作基本工具清单:

■一台搅拌器或者食物料理机——这种工具既省时又省钱,不过要是您家里没有现成的话,也可以用筛子和木勺子代替。

■一口蒸锅——蒸是最佳蔬果料理方式;煮的话会让蔬果中的维生素流失掉,蒸就不会。如果家里没有,也可以用一个滤锅或者是在盘子上架一个蒸隔来代替。

■宝宝专用勺——这种勺子边缘是圆滑的,没有锐角。

料理宝宝食物的最佳方式依次是蒸、炖、煮、烘焙。在准备宝宝辅食的时候,有一些事情需要注意:不能往宝宝辅食中加盐或者是糖,因为宝宝的肾脏暂时还不能应对这样的调味品;另外,也绝不能给宝宝吃煎炸类食品。

冷冻辅食

为了节约时间,您可以按照宝宝的食量将制作好的辅食用制冰格、密封塑料袋或者是小的消过毒的塑料桶一小份一小份地冻起来。我们强烈推荐您使用制冰格。因为一般来说,宝宝一餐的食量差不多就是两格。刚开始接触辅食的时候,宝宝每餐只吃得下一到两勺,这样的话您每次从制冰格里面取一两格食物出来加热就好了。这个制冰格还有一个妙处——您可以每一格放一种口味的食物(比方说这一格放土豆泥,那一格放胡萝卜泥)。这样等宝宝适应了单一口味的辅食之后,您可以一次取出两种不同口味的辅食,混在一起给宝宝吃,这样宝宝吃的东西就真是丰盛的一顿了。

让宝宝断奶,给他添加辅食,对新手父母来说是有些让人望而却步。没关系,诺兰在这里为您准备了一些简单的食谱,从断奶开始添加辅食之初,到最后完全吃固体食物,共分成3个阶段,每个阶段都有相应的食谱给您参考。不过我们先不着急看到底有些什么辅食,我们先来讲讲如何让您家那个习惯了母乳或者奶瓶的"恋奶狂",愿意接受您放在勺子里喂给他的食物。

轻松断奶的秘诀

让宝宝顺利吃下他人生中第一口辅食的秘诀,就是要保证您和宝宝当时都很放松。断奶的时间其实是因人而异的。有的宝宝立马就会爱上辅食,而有的宝宝则需要您连哄带骗才肯张嘴。您的宝宝可能会哭闹,甚至会把您刚刚喂进他嘴里的食物给吐出来;毕竟他是第一次尝到这种食物的味道,没关系,我们能给您不少关于怎样让宝宝顺利度过断奶期,习惯进食固体食物的小贴士。

诺兰成功断奶法：

■ 每天都要定时进餐。

■ 放轻松，喂宝宝吃饭的时候别赶时间，要留出充分的时间。

■ 根据宝宝进食的速度来调整整个进餐的时间。

■ 最好在餐椅下面垫一张垫子——通常刚刚开始喂宝宝辅食的时候，他都会把食物弄得到处都是。

■ 一边喂宝宝吃东西，一边跟他说话——告诉他，他现在就已经真正开始"吃"东西了。

■ 把宝宝每餐吃剩下的东西直接倒掉，不要再放进冰箱里了。

先准备好宝宝的辅食，然后把宝宝抱起来，就仿佛您要母乳喂养他或者给他喝奶那样。这样就能让宝宝自然而然地将这种暖暖的拥抱与进食联系起来。用一个软勺舀一点点辅食，慢慢地轻柔地送进宝宝口中。如果宝宝愿意自己坐起来吃东西的话，您可以让他坐在餐椅里，当然，您必须要跟他面对面。不要催他，也不要强迫他吃，如果他扭过头去不愿意吃，尖叫起来甚至直接就把您刚喂进嘴里的东西给吐出来的话，那么他应该是吃饱了，要不然就是他还没有做好进食固体食物的准备。其实您也不必太担心，到现在为止，宝宝的辅食还是以流质为主，所以即便是他哭起来了也没什么大不了的。您第一步是要让宝宝愿意用勺子吃东西。这个阶段他身体所需的大部分营养，当然还是来自配方奶。

断奶第一步：6 月龄 +

推荐食物：苹果泥、杏泥、鳄梨泥、香蕉泥、胡萝卜泥、花椰菜泥、西葫芦泥、韭菜泥、木瓜泥、梨泥、桃泥、豌豆泥、李子泥、土豆泥、南瓜泥、甘蓝泥、红薯泥、婴儿米粉。

您可以从制作流质状的蔬菜泥和水果泥开始，先蒸，然后搅拌一下，用筛子筛去过大的颗粒物，然后冷却。刚刚给宝宝加辅食的时候，建议您每次都只给宝宝吃单一种类的辅食，比如说纯土豆泥或者是纯胡萝卜泥。这样一方面能帮您记住宝宝对食物的偏好,另一方面也能帮您筛查宝宝过敏的食物。等宝宝已经适应了单一品种的辅食之后,您就可以将几种材质混合了,比方说将苹果和香蕉混合在一起,韭菜和土豆混合在一起。刚刚开始给宝宝加辅食的时候,绝大部分食物都必须要烹调之后,才能给宝宝吃,只有一种食物可以不经任何烹调就直接喂给宝宝——香蕉。

宝宝长到 8 个月左右可以给他吃一些肉类泥了,比如说火鸡泥、鸡肉泥和鱼肉泥。宝宝每餐都应该有一定量的淀粉(比如说土豆和米饭类)、水果、蔬菜和蛋白质。

> **诺兰金科玉律**
>
> 　　除了蔬菜泥、水果泥之外,在添加辅食的第一阶段您还可以给宝宝吃婴儿米粉。您可以用奶液冲调米粉,这样宝宝吃到的食物口感虽然有些变化,但是口味还是没有变。婴儿米粉通常是粉状的,里面已经添加了母乳成分或者是配方奶粉。婴儿米粉不是特别稠,但是也有一些谷物类食物的口感,这样能让宝宝用他的牙床练习咀嚼。

　　每餐都试着给宝宝吃不同口味的东西。就算这次宝宝不喜欢某种食物,您也可以过几周后再给他试一试,因为随着他的成长,宝宝的口味也在变化。有可能这周他拒绝吃苹果泥,但是过一个月,他的味蕾进化了,他会突然由衷地爱上苹果泥。

—— 保姆艾米莉

随着宝宝一天天长大,您可以给他吃不同口感的食物,稀稠程度也可以有些变化。您可以把米粉调得稠一些,蔬菜泥做得稠一些,给他的麦芽粥也不用磨太细,熬太清,可以稍微大颗粒一些了。下面是诺兰强烈推荐的两款食谱。

诺兰胡萝卜防风菜泥

所需食材：

3 份中等大小的胡萝卜, 去皮, 切丁

2 份中等大小的防风菜, 去皮, 切片

1 份土豆, 去皮, 切片

烹调方法：

1. 将切好的胡萝卜、防风菜和土豆放入平底锅内, 加水煮。小火加热 20 分钟至 3 种食材变软。

2. 捞出蔬菜, 静置冷却后用食物料理机打成糊状。

3. 加入适量母乳、凉白开或配方奶。

诺兰苹果梨子泥

所需食材：

熟苹果、熟梨子各一个, 去皮, 去核, 切片

水、母乳或配方奶

烹调方法：

1. 将水果片放在蒸锅里蒸 10 分钟。然后静置冷却。

2. 用叉将冷却后的水果捣成糊状。

3. 加入水或奶稀释。

> **诺兰金科玉律**
>
> 　　从断奶之初, 就要让宝宝用不同的容器喝奶喝水。您可以让宝宝用杯子喝水, 用奶瓶喝奶。

断奶第二步：8 月龄至 11 月龄

推荐食物：更浓稠的泥状食物，含肉粒的肉泥，扁豆、干豆、小份的面食，无糖谷物，非柑橘属的水果。

这个阶段的宝宝能够不借助任何外力，就稳稳坐在高脚椅上了，每天除了喝奶，还需定时进三餐。有的宝宝已经能够开始自己动手吃饭了，有的已经长出小牙牙可以咀嚼了。到宝宝 11 个月左右，您就可以给宝宝喂一些乳酪、优酪乳和味道稍大一些的食物了。这个阶段宝宝到底吃什么，还是您说了算。等过了这个时间，情况可就不是这样了，所以要好好把握这个机会。大一点的孩子对食物会有自己的特殊好恶。不过营养学家认为，如果您在宝宝 8 个月到 11 个月的时候给宝宝尝的味道越丰富，食物种类越多，那么长大后宝宝对未尝试过的食物新品种的接受能力就会更强。

这个阶段的宝宝能吃一些零食，比方说脆饼干、面包棒、米饼等，但是宝宝的饮料最好还是仅限于水、母乳和配方奶。您可以把食物细细切碎或者是剁碎，如果宝宝已经长出了小牙，您还可以给他一些薄薄的胡萝卜棒、黄瓜棒、手指吐司之类的，让他捏在手里自己慢慢磨牙。所有的水果都要去皮，这样宝宝才能嚼得动，同时如果没有去皮的话，宝宝也很容易被噎着。宝宝吃东西的时候，一定要有成人在一旁看着。学会咀嚼是宝宝技能发展中非常重要的一步，这个能力不仅仅与进食有关，同时还与喉部的肌肉机能紧密相关——后者可是与发音说话密不可分的。

下面是诺兰推荐给这个阶段的宝宝的两款食谱。

鸡肉根茎类蔬菜餐

所需食材：

1 份鸡胸脯肉,切片

2 份防风菜或土豆,去皮切碎

1 份中等大小的胡萝卜,切片

香草(可根据喜好选择)

1 茶匙蔬菜高汤

2 大汤匙淡奶油

烹调方法：

1. 将鸡肉剁碎,用水煮或蒸至熟透。

2. 300 毫升(1/2 品脱)水煮沸后加入蔬菜、香草、高汤和淡奶油。

3. 5 分钟后加入鸡肉,继续烹调10 分钟直至蔬菜软熟。

4. 将食物煮成汤、泥状或者是糊状,具体按宝宝的口味和牙齿生长情况而定。

另推荐一款布丁：

西梅米糕布丁

下面的食材做出的布丁按照宝宝的食量计算,应该是 6 人份的。

所需食材：

50 克(2 盎司)糯米

600 毫升(1 品脱)全脂奶

15 克(1/2 盎司)黄油

25 克(1 盎司)精白砂糖

60 毫升(2 液量盎司)西梅汁

烹调方法：

1. 将烤箱预热至 150 ℃/300 ℉。

2. 将糯米洗净滤干。

3. 用油将耐热的盘子抹一遍,将糯米、牛奶、黄油和精白砂糖放进盘中。

4. 用锡箔纸将整个盘子盖住后,放入烤箱中加热 1 个半小时到两小时,不时翻动一下,直到糯米完全变软。取出静置冷却。

5. 按照个人喜好,加入热的或者冷的西梅汁;同样可以根据个人口味,将西梅汁换成一茶匙水果泥,比如说梨子泥或者是杏泥。

断奶第三步：12 月龄到学会走路

推荐食物:家常菜、健康零食、全脂奶

您现在比较轻松了。宝宝从 12 个月大开始就基本能跟你们吃一样的菜饭了(除非宝宝对某些食材过敏),当然这些菜要低脂、低糖、低盐。其实有个方法很简单,就是您做菜做好之后,放调料之前先将宝宝要吃的那份留起来,然后再加调料。当然,最好还是将肉类剁碎,这样宝宝就不会嚼不动,也不会吃到骨头了——这样您就不必专门为宝宝准备食物了。

如果需要的话,您可以在上午 11 点左右和下午茶时间,分别给宝宝另行加餐。额外的健康零食也有助于宝宝获得更多的能量。随着宝宝日渐长大,特别是他开始学步之后,您可以给他多吃些鱼了。两岁以上的宝宝每周应该吃两次鱼肝油含量较高的鱼类——比如三文鱼、沙丁鱼和鲭鱼。要注意宝宝每天的膳食均衡。

诺兰学步宝宝每日饮食清单:

- 每日 4~5 份碳水化合物,比如面包、米饭、面、土豆
- 2 份水果
- 3 份蔬菜
- 2 份瘦肉、鱼、蛋

■ 2～3 份乳制品（优酪乳、奶酪、奶）

还要记得每天午餐和晚餐的时候，拿一些食物给宝宝自己拿在手上吃。面包棒、米糕、蔬菜条都行。让宝宝自己拿着吃能让宝宝有要自己动手吃饭的意识，同时也让宝宝慢慢熟悉不同食物的口感。

> **诺兰金科玉律**
>
> 　　要给宝宝吃意大利面或通心粉的话，要记得用剪子将面和通心粉都切碎，这样宝宝就不会拿着刀叉在盘子里戳半天都叉不起一根面吃到嘴里了。其实在给学步的宝宝准备食物的时候，剪刀是非常好用的，您可以用剪刀剪豆角、香肠、炸鱼条和鱼排。

您的小宝贝会学着爸爸、妈妈、哥哥、姐姐的样子吃饭，所以尽量让吃饭这件事变得轻松简单。当然，要是您精心准备的"防风菜"被宝宝洒在厨房地板上，或者您的宝宝拒绝把您为他准备的漂亮的苹果油桃甜品吃下去，您很难做出一副无所谓的样子。但是要知道这就是这个年龄段的小家伙经常干的事。尽量不要表现出您的失望和沮丧。最重要的一点是不要把餐桌变成战场。最好不要不停地拿个帕子在他面前随时把他弄洒的东西抹干净，也不要用他的围嘴不停地给他擦嘴——这样会让他觉得自己一边吃一边洒是个罪过。建议您一定要等到宝宝和大家都吃完之后再打扫餐桌。

还有一点要提醒您，您自己也应该要有健康的饮食。您每餐吃的蔬菜最好和宝宝一致，这样宝宝就会慢慢习惯和您吃一样的食物。这样等他长大之后，如果他看到您的零食是水果和蔬菜，那么他也会跟您一样将水果作为零食，而不会像其他孩子一样吃薯片和巧克力。

挑剔的小家伙

看着自己的宝宝吃着菠菜胡萝卜泥、西兰花大白菜泥,很多父母都会非常安心,觉得这样就对了。其实,随着宝宝的成长,他的口味也会有些变化,也许会有某个阶段,他突然就不爱吃蔬菜了,有时甚至一口东西都不想吃。吃饭时宝宝如果说"不喜欢吃""讨厌"或者直接表达给您"不"的话,您就应该要注意了。其实通常小家伙挑食只是为了让您多留心一下他。拒绝某种食物其实是他在努力想要自己掌控自己的生活,这也是他人生中第一次挑战爸爸妈妈的权威。遇到这种情况,父母通常会觉得头疼,不过有一些方法您可以试一试,说不定可以鼓励您的宝宝吃东西。

诺兰饭扫光秘籍:

■ 不要让孩子吃糖和巧克力等零食。

■ 减少孩子的饮料摄入量,当然奶量和饮水量不能减少。

■ 尽量避免在进食前一小时给孩子喝奶。

■ 如果孩子不肯吃饭,千万别当面发火。

■ 每餐给孩子的饭量不要太多,不要强求孩子把盘里的食物全部吃光。

■ 全家一起吃饭——看着别人吃饭也能刺激孩子的食欲。

对于那些挑食、不爱吃饭的孩子,我通常都不会用布丁、冰激凌之类的零食来哄他们吃饭。很多妈妈都会这样哄孩子:"要是你把你面前那份大白菜吃掉,我就奖励你一个冰激凌。"其实这样做会适得其反,因为您给宝宝传递的信息不正确——您告诉他吃蔬菜本来就是一个难受的事情,吃甜食才是种享受。

——保姆艾米莉

我们建议,如果宝宝吃东西吃得好的话,您可以表扬他;如果全家都吃完了,但是宝宝面前的食物却一点都没动过的话,建议您最好什么都不要说,直接将盘子端走就好。您的唠叨只会将全家的注意力都引到盘中未动的食物上面,事情也就会越来越糟。也不要给宝宝另外做点其他的东西吃,因为这样做就等于告诉宝宝,如果他拒绝吃他不喜欢的东西的话,他就能如愿以偿地吃到他想吃的东西。

要让宝宝的口味和能适应的味道越来越广的话,您最好有规律地给宝宝的餐盘上添加新的菜式。每次让他尝新的时候,您最好什么都不要说。这样宝宝就会习惯在他的餐盘上看到新的菜式,当您觉得他没问题的时候,您可以鼓励他,让他尝尝看。

我有一个"吃一口"的规则。孩子们每次尝新菜的时候只让他们吃一口,一口多的都不给。这样他们就会习惯尝新菜,我发现通过这样的方式,他们还真的就爱上了其中不少菜式呢。

——保姆露易丝

还有一种绝妙的鼓励小家伙吃饭的方式:将菜做得像个艺术品。您可以用蔬菜和土豆泥做成一个卡通脸,还可以将整盘菜做成一个海底世界的样子。下面就是诺兰育儿机构最推荐的一道工艺菜。

有海星、水草的岩石潭菜

所需食材:
110 克(4 盎司)土豆,去皮,切细丁
110 克(4 盎司)无皮鳕鱼片
150 毫升(1/4 品脱)牛奶
1 茶匙香芹碎末
黑胡椒
1 个鸡蛋,打碎成蛋液
2 茶匙新鲜面包糠(也可以将家里剩下的面包用食物料理机打碎后代替)

葵花子油

烹调方法：

1. 将土豆丁煮 10 分钟左右至完全变软，捞出滤干，捣成泥状。

2. 将鳕鱼片放于锅中，加入牛奶煮 5 分钟至鱼片变硬，捞出滤干，去鱼刺。

3. 将土豆泥、鳕鱼和香芹碎末充分混合搅拌，加入黑胡椒调味。然后用手将混合泥做成海星状。

4. 将"海星"放进蛋液中浸一下，然后裹上面包糠。

5. 在煎锅中倒入一茶匙葵花子油，加热后将"海星"一个个放进去煎炸 5 ~ 7 分钟，不时翻转，直至双面熟透呈金黄色。捞出放置于厨房纸巾上滤干。

6. 将菠菜蒸熟后装盘当水草，放上海星，用胡萝卜切成鱼形放在周围，用煮熟的土豆做成船，放上棒棒糖小棍做成的桅杆，用纸做成帆。

他吃饱了吗?

所有的父母都会担心宝宝是不是吃饱了，会不会饿着，尤其是宝宝厌食的时候。研究显示，只要宝宝吃进去的东西里包含了三类食物：碳水化合物、蛋白质和脂肪，不管他到底吃进去了多少，他都能获得生长所需要的足够的营养。所以就算宝宝两天都没有吃蔬菜了，您也不用担心。其实这根本就不是个问题，因为宝宝一整周摄入的营养类型是均衡的。不过，如果您还是为宝宝挑食或者是胃口不好而忧心忡忡的话，建议您咨询一下您的健康顾问或者医生。

素食主义者与素食

素食主义者通常依靠坚果、鸡蛋、奶类、豆类来保证身体所需蛋白质的摄入，其中有不少素食主义的父母给孩子饮食是非素食的。其实对素食主义的爸爸妈妈来说，您的宝宝刚刚断奶时候的辅食与普通孩子并没有什么区别，但是随着宝宝的日渐成长，您需要多花些心思来保证宝宝日常食物中蛋白质、脂肪和碳水化合物的均衡摄入。尽量选择大豆、块根类蔬菜、扁豆、鳄梨和无凝乳酶的乳酪。长期素食让人体有缺乏维生素 B_{12} 的风险，不过可以通过摄入发酵的食物，强化性谷类食品，如面包、豆奶、米浆来替代。素食还可能会导致缺铁，所以要注意多吃菠菜和西兰花，同时要注意维生素 C 的摄入，比方说多喝橙汁，因为维生素 C 能有效帮助人体对铁的吸收。

尽量不要吃超市里买的那种速食类素食。如果您能花一点时间看看包装上的配料成分的话，您就会发现这类食品通常都高盐；当然，这种食物也不是一无是处，在开派对或者是大家一起吃烧烤的时候就会大有用处了。其实可以给宝宝吃简单的自己做的食物，比方说扁豆菠菜泥、大米红豆泥，自制的茄汁焗豆和蔬菜粗燕麦粉。如果您想让宝宝从小就做个素食主义者，但是又不知道该如何科学地用全素食喂养他的话，您可以咨询健康顾问，另外您也可以在许多素食食谱上找到答案，这些食谱会教您该怎样给宝宝烹调出既营养又美味的食物。

患儿及大病初愈的宝宝的饮食

如果小家伙发烧、咽喉肿痛或者着凉了的话,他很可能不想吃东西。最好的办法就是不要强迫他吃,而是给他一些有营养的饮料喝,比方说水果冰沙或奶昔。要是宝宝有鼻塞或流鼻涕的症状的话,给他喝奶昔可能会让症状加重,但是如果他愿意的话,您可以给他喝热牛奶,这可以减轻他的症状。宝宝如果发高烧的话,会很容易脱水,所以就算是他不愿意进食,也要让他多喝水。有些宝宝生病之后就不太愿意喝水,因此您要想办法让他喝,比方说把水冻成冰棒让他吃,用彩色的杯子装水或者彩色的吸管让他喝。您可以给他喝稀释过的新鲜果汁,也可以给他喝椰子汁,不过要是他有腹泻症状,最好就别给他喝这些东西了。

我们知道,一代代的爸爸妈妈在选择给病中或病愈中的宝宝的食物的时候,首选的通常都是比较清淡的鸡汤或是蔬菜汤。下面给您推荐一道非常适合您家那个小病人的清淡鸡汤。

清鸡汤

所需食材:
110 克(4 盎司)去骨鸡肉(大概就是一整只鸡的胸脯肉),切碎
1 个小土豆,去皮,切碎
4 ~5 杯水
1 枚独头蒜,切碎
1 茶匙姜末
胡椒调味(如果孩子满了 5 岁,您也可以加盐调味)
烹调方法:

1. 将所有食材放入锅中加水煮沸。
2. 继续熬煮 10 分钟,然后炖 20 分钟。
3. 将汤水倒出给宝宝喝。

食物过敏

宝宝对食物过敏的原因可能是遗传,也有可能是自身的体质原因。所以在为小孩子准备饮食的过程中,您需要对可能存在的过敏原分外小心,特别是在第一次给孩子吃某种食物的时候。要是孩子吃了某种食物之后出现了呕吐、腹泻、嘴唇或咽喉红肿、皮疹这些症状,那么他就是过敏了(有关过敏的确诊和处理方法,详见第五章)。为了避免此类现象的出现,我们建议您在午餐时间给宝宝尝试新的食物,而且每次只尝试一种。这样的话,万一孩子真的出现过敏症状,您也能很快知道到底是什么东西让他过敏的,同时因为是白天,处理起来也容易些,就算实在不行要去看医生,也要方便些。

有些常见的食物容易引发过敏症状。下面就列出一些食物,这些食物不太适合在宝宝未满周岁之前给他吃。

- 牛奶及其他奶制品(配方奶除外,含牛奶的布丁除外)
- 贝类
- 蛋类
- 坚果(5 岁前不能吃)
- 小麦麸、黑麦麸、大麦麸、燕麦麸
- 草莓
- 蜂蜜(2 岁前不能吃)
- 芝麻酱(一种用芝麻和鹰嘴豆制成的酱)
- 柑橘

其实食材本身很少会引起人体的不耐受反应,但是如果您真的怀疑宝宝对某种食物过敏的话,您最好还是向当地的医务人员咨询一下。有些食物添加剂或食用色素会引起小孩子的过敏。

食物添加剂

您应该尽可能地避免给孩子食用含食物添加剂或者其他化学成分的食物。食物添加剂(也叫 E 代码数)通常都会引起一些不良的反应,比如说过敏。虽然现行食物标准中已经明令禁止使用某些添加剂,但是仍然有数以千计的食物添加剂在允许使用的范围之列。按照规定,制造商应在食品外包装上,将制作过程中所使用的食物添加剂标注出来。

需要多加注意的食物添加剂:

落日黄(E110):这种食物添加剂在橙汁、柠檬酱和糖果中非常常见。这种添加剂会让小孩精神亢奋,情绪波动,易怒,精力不集中。

诱惑红(E129)、淡红(E122)、胭脂红(E124)、喹啉黄(E104)、苯甲酸钠(E211):广泛应用在供小孩食用的糖果、饮料和糕点中。这些添加剂可能导致小孩精神亢奋。

E123、E102、E124:常见于橙味果冻、袋装蛋糕粉和冰激凌中。这些添加剂可能引起孩子的过敏反应。

当然不能一棒子把所有的食物添加剂都打死。但是我们还是建议您尽量减少孩子食物中添加剂的用量。尽量使用新鲜食材,亲手给孩子烹饪食物,就算是要买现成的,也要多留意外包装上的标签。我们知道,如果小家伙缠着您给他买五颜六色的彩虹糖的话您会很难拒绝,不过您可以试着在家自己动手给孩子做些糖果吃。至少您自己知道在做糖的时候您往里面加了些什么。当然糖是高糖分的,不过对稍大点的孩子来说,糖分能够给他们提供能量,同时也可以用糖作为给他们的一种奖励,只要他们吃糖之后记得清洁牙齿就行了。

诺兰金科玉律

　　要避免蛀牙,每天早晚各刷一次牙是不够的,还应该避免在下午茶时间给宝宝吃粘牙的糖。下午茶时间最佳的甜点应该是巧克力,因为巧克力在口中能迅速完全融化,不会有任何残渣残留在牙齿缝隙中。

下面是诺兰给3岁以上的宝宝的甜食建议。

薄荷冰激凌

所需食材:
500克(1磅)糖霜
4茶匙炼乳
薄荷香精(根据喜好选择)
巧克力蘸酱(根据喜好选择)
烹调方法:
1.将糖霜筛入碗中。
2.将炼乳倒入碗中搅拌均匀。
3.加入2滴薄荷香精(如果宝宝不喜欢的话可以不加),将混合物揉捏成一个个的小球。
4.将小球放在糖霜上滚一下,让它表面沾满糖霜。
5.用糕点切刀切出喜欢的形状(比如说星形或小圆圈)。
6.根据个人喜好,可将切成的薄荷星或薄荷圈在巧克力蘸酱中蘸一下,让外层裹满巧克力糖浆。
7.放入冰箱冷冻。

巧克力松露/巧克力老鼠

所需食材：

175 克（6 盎司）黑巧克力

1 个蛋黄

25 克（1 盎司）黄油

1 茶匙可可粉

烹调方法：

1. 将锅加水烧热，将巧克力放在碗中隔水加热至溶化。

2. 加入蛋黄、黄油，搅拌均匀后将碗端出，自然冷却至巧克力凝固。

3. 用手将巧克力做成球形，并裹上可可粉。

4. 将裹好的巧克力放在点心纸上。

如果想跟孩子一起享受动手的乐趣的话，您可以按比例准备更多的原料，跟孩子一起做一个巧克力小老鼠。您先将巧克力做成一个椭圆形，让宝宝在椭圆形上加两颗葡萄干做小老鼠的耳朵，用甘草当老鼠的尾巴，用两点糖衣做小老鼠的眼睛。

那么按照诺兰的建议，我们到底还能不能给孩子买糖吃呢？回答是肯定的，给孩子买糖吃是对孩子的一种奖赏，不过最好不要给不满两岁的宝宝买糖吃。如果从宝宝小的时候起，您就不怎么给他糖吃的话，那么他长大之后也不会太喜欢吃糖，这对他的牙齿来说可是天大的福音。

健康小食和午餐便当

健康小食和午餐餐盒对幼儿园宝宝很重要,当然如果您要带着宝宝外出,也同样需要为他准备这两样东西。因为孩子喜欢满世界乱跑,这样会消耗他很多能量。我们一直建议您不要买市售的食品,鼓励您自己动手为孩子准备健康食品。

诺兰健康小食排行榜:

- 生蔬菜条
- 葡萄——如果是为低龄的宝宝准备的话,最好将葡萄切成两半,去子
- 米糕
- 面包棒
- 用全麦做成的妈咪三明治(馅料可以根据孩子的口味选择)
- 切细的水果
- 水果干——杏干、苹果干、无花果干

午餐便当中应该提供宝宝每日所需蛋白质、复合碳水化合物和钙的总量的1/3。最好是包含下列每个食物类别,当然最好能做得美味可口:

- 蛋白质类——让宝宝活泼机灵。三明治和沙拉中应该有富含蛋白质的食物,如鸡肉、蛋类、火腿、金枪鱼或乳酪。
- 复合碳水化合物——保持宝宝的旺盛精力。主要食物有全麦面包、燕麦粥、意大利面、香蕉、米饭。您可以换着给宝宝吃意大利面、米饭和三明治,并作为主食。
- 钙——保证宝宝骨骼和牙齿健康。对于未满5岁的宝宝,尽量给他高钙类的全脂乳制品,如乳酪、优酪乳、清爽干酪、优酪乳饮料、冰沙和奶昔。
- 不要忘记"一天五份"的原则——保证维生素和矿物质的摄

入。您可以做水果沙拉来哄宝宝吃水果,也可以给孩子吃一些水果干,杏干里面就含有丰富的维生素和矿物质。

在给宝宝准备午餐便当的时候,一定要参考宝宝的意见,最好能让宝宝也一起动手,这样到了打开餐盒吃午餐的时候,他们会吃得更香的。我们一直在想办法让午餐便当既有营养又美味,最好还能有趣,这样到了中午该吃饭的时候,小家伙就不会把自己的便当拿去与其他小朋友换了,不会放着营养健康的便当不吃,而往胃里塞大量的高糖高盐的垃圾食品。

我通常都会多花些心思给孩子准备午餐便当。我会亲手做一个漂亮的纸袋,然后把三明治装进去,有时候还会放点什么小惊喜在里面,如果中午给孩子准备了煮白蛋的话,那么我会在蛋壳上面画一张笑脸。这样孩子们对午餐便当总是相当期待,因为他们不知道会看到什么样的惊喜。

——保姆艾米莉

一起动手做烘焙

50 年前,诺兰育儿机构的保姆和她们雇主家的孩子们一起,每周都要过一个"烘焙日",一起烘焙出下一周要吃的面包蛋糕。21 世纪是个快节奏的时代,我们已经没有多少时间可以用来专注做一件事情,但是我们还是可以忙里偷闲,找个微雨的下午,跟孩子们一起在家里做做烘焙。只要您有足够的耐心,多鼓励孩子,他们都会爱上烘焙的。其实跟孩子一起做烘焙,对孩子来说,也是一个绝好的学习机会:阅读配料能锻炼他们的文字和读写能力;称量配料能够锻炼他们的计数能力;您还能跟孩子一起亲手设计制作饼干和糕点。

下面的这个烘焙方子是诺兰学院的厨房专家阿里森·塔克尔给的。我们把它推荐给您,因为这个方子非常适合您和 3 岁以上的宝宝一起共同动手完成。

姜饼小人

所需食材：

175 克(6 盎司)普通面粉

2 茶匙姜粉

1 茶匙苏打粉

50 克(2 盎司)黄油或人造奶油

75 克(3 盎司)黄糖

2 平汤匙黄糖浆

1 个鸡蛋，打散成蛋液

糖霜(现成的管状糖霜更适合小孩子使用)

彩色装饰物(如提子干、巧克力豆)

糕点造型切刀(通常在五金店中有售)

烹调方法：

1.烤箱预热至 180 ℃/350 ℉，火力 4。将烤盘用油抹匀。

2.将面粉、姜粉和苏打粉倒入碗中充分搅拌混合。

3.倒入黄油或人造奶油，充分搅拌，直至整个混合物看起来像面包屑一样。

4.加入糖。

5.用盘子将黄糖浆加热至稀释液体状，然后加入面团中，同时倒入蛋液。

6.将面团充分揉匀至软化。如果面团过稀，可以继续加入面粉，以面团不沾碗为佳，然后静置冷却。

7.在工作台上均匀铺撒面粉，然后将面团从碗中取出放在工作台上。用糕点造型切刀将面团切成人形，放在托盘上送入烤箱。

8.烘焙 10 分钟左右直至姜饼小人酥脆金黄，取出静置冷却。

9.用糖霜在小人上做出头发、脸和纽扣，让孩子用巧克力豆或提子干在小人的衣服上做出装饰。

　　所有教小孩子学习烘焙的书,都会教小孩做小仙女蛋糕或杯子蛋糕。小孩子都喜欢做这两种蛋糕,因为既简单又有趣。您家的宝宝可能最喜欢两个步骤:一个是将面团放进模具,另一个就是烤好之后用彩色的零食往上面做点缀了。下面我们继续给您推荐一个方子,这个方子最大的优点就是,只要您做过几次之后,您只需要记得配料的比例是4:4:4:2(即4盎司面粉、4盎司糖、4盎司人造奶油和2个鸡蛋)就行,都不需要一边看着配方一边做了。

小仙女蛋糕

　　下面的食材分量是做12个小仙女蛋糕的用量

　　所需食材:

　　110克(4盎司)软质涂抹人造奶油

　　110克(4盎司)自发面粉,用筛子滤一下

　　110克(4盎司)精白砂糖

　　2个鸡蛋

　　烘焙专用蛋糕纸杯

　　烹调方法:

　　1.烤箱预热至180 ℃/350 ℉,火力4。

　　2.将所有配料都倒入碗中,用木勺充分搅拌混合至奶糊状。

　　3.每个蛋糕纸杯中放一勺奶糊。

　　4.放入烤箱烘焙10~15分钟直至触感有弹性。让蛋糕放置在钢架上至冷却

　　您也可以根据自己和宝宝的喜好将配方中的面粉去掉25克(1盎司),换成25克(1盎司)可可粉,这样做出来的就是巧克力蛋糕了,还可以在奶糊中加入提子干或巧克力屑。

　　别忘了还要装饰一下蛋糕:

　　将110克(4盎司)糖霜与一茶匙水混合后洒在小圆蛋糕上。还可以用巧克力豆做成纽扣,或者在蛋糕上用小家伙喜欢的任何糖果

做点缀。小家伙们通常都很喜欢装饰自己做的蛋糕,当然也很喜欢吃这些点缀在蛋糕上的装饰了。

闪闪星饼干

所需食材:

65 克(2.5 盎司)黄糖

65 克(2.5 盎司)软质涂抹人造奶油

1 个小鸡蛋,打散成蛋液

150 克(5 盎司)普通面粉

1 茶匙混合香料

星形糕点切刀

糖霜及银色的糕点装饰物

烹调方法:

1. 烤箱预热至 180 ℃/350 ℉,火力 4。

2. 将黄糖和人造奶油混合,并加入一半的蛋液。

3. 倒入面粉和香料。

4. 将混合物充分搅拌后揉成面团。

5. 将面团搓成直径 5 毫米左右的细长条,用星形糕点切刀切出一个个星形面团。

6. 将切好的星形面团放在烤架中央,烘焙 10 分钟左右。

7. 在烤好的星形饼干冷却之前,在每个小星星的一个角上戳一个洞,注意不要离边缘太近。

8. 待饼干完全冷却之后,用丝带穿过饼干上的小洞,然后将饼干一个个挂在圣诞树上。

9. 用糖霜和银色糕点装饰物装饰。

餐桌礼仪

没错,我们之前的确已经讲过这个问题了。但是餐桌礼仪的教育应该是坚持不懈地贯穿日常生活始终的。第三章讲的是最基本的礼仪,不过爸爸妈妈需要在日常每一餐中,让小家伙不断练习巩固。下面是一些基本的餐桌礼仪,让宝宝做到了这些,就能让进餐的时光对餐桌上的每个人而言都是美妙的了。

诺兰良好餐桌礼仪提示:

■ 要一直好好坐着。

■ 会使用餐具。

■ 如果要用餐巾的话,请将餐巾铺在大腿上。只有刚刚学会走路的宝宝,餐巾才是围在领口的。

■ 等孩子稍大一点之后,要让他养成一个习惯,必须要等到每个人面前的餐盘都上了食物之后,才能开始动餐具吃饭。

■ 不要一边吃饭一边到处乱跑。

■ 不要张着嘴咀嚼食物。

■ 不要未充分咀嚼就硬把一大团食物吞下。

■ 吃饭的时候不能玩玩具。

■ 不能把手肘放上餐桌。

■ 不能伸手到餐桌对面去取用食物。

■ 吃好之后将刀叉一起放在面前的餐盘中。

■ 吃好之后如果要提前离席的话,一定要询问其他就餐者的意见,并用"请""谢谢"等礼貌语。

诺兰向您保证,不管孩子多么小,他都能学会餐桌礼仪。把孩子的餐桌礼仪训练好,这样不论您是接受朋友的邀请去参加一个家庭宴会,还是外出到餐馆吃饭,孩子的举止都不会让您觉得尴尬了。

家人一起进餐的时间

　　我喜欢说一句话："能吃到一起的家庭才是温馨牢固的家庭。"全家每天一起用餐的时间的确是非常重要的——这很可能是一整天中全家唯一坐下来，大家一起交流的机会。

——保姆玛丽亚

　　对双职工家庭来说，每天都要找个时间全家一起吃饭的确不太容易做到，但是诺兰建议您尽量要留出跟家人一起进餐的时间。为什么？因为这是一个家庭的交流时间，而且要是您 3 岁的宝宝能亲眼看见爸爸也吃白菜，也是这样使用刀叉的，那么他也就会学着爸爸的样子，好好吃白菜，好好用刀叉了。

　　如果爸爸妈妈都有自己的工作的话，那么要保证每天下午 5 点半的时候，与宝宝一起共进晚餐恐怕的确有难度。如果您实在是做不到的话，至少要尽可能多地跟宝宝一起共进晚餐，周末则一定要留在家里与大家一起共进午餐和晚餐。全家共同进餐的时光是锻炼宝宝交际能力的一个绝好机会，所以您可以一边吃一边跟大家聊聊当天的新闻，聊聊小家伙的幼儿园或学校发生的事情，要让全家都参与进来。诺兰有一条非常非常重要的进餐原则需要提醒您：在任何时候都不要一边开着电视机一边进餐。

别着急，还有最后一小口……

　　诺兰常说："每日一苹果，疾病远离我。"——现在我们要说的是，其实每天我们至少需要 5 份蔬果。有时就算是最最营养、最最健康的自制食品，也无法避免孩子生病，孩子还是会咳嗽，会打喷嚏，会得这样那样的小病。别担心，放轻松，当您的宝贝偶尔不适的时候，诺兰会一直在您身边，跟您携手共渡难关。

第五章　诺兰必读之疾病处理

当麻醉剂在医学界还是新生事物时，诺兰就已经在各个家庭、医院、学校和托儿所照顾生病的宝宝了。但是坦白地讲，尽管诺兰一直被称作"诺兰护士"，但她们并非是受过专业训练的医务人员。本章将详细介绍诺兰所积累的经验，但并不会赘述宝宝常见疾病有哪些，因为这些内容您从别的地方也能看到。请您谨记一点：当我们的基本经验奏效，急救措施完毕时，应当让专业医务人员接手后面的事情。

本章将从以下四部分详述宝宝疾病处理经验：

一、宝宝突发疾病指导

这部分讲述宝宝生病或受伤后如何护理。包括判断宝宝是否生病，如何测量体温和给宝宝用药。当得知学校将宝宝送进急症室时，身为妈咪的您该带些什么去医院，还有每个爸爸妈妈都应掌握的小宝宝复苏术。

二、宝宝小疾病护理指导

这部分包括如何判断宝宝是否患疾和确认宝宝患疾后如何护理等内容。

三、宝宝发生事故、受伤后的护理

这部分包括常见的宝宝跌倒、摔跤的处理和其他更为严重事故的处理。

四、宝宝常见感染的护理

遭遇蠕虫和虱子这类不速之客后的护理。

现在您可以在闲暇时随手翻阅这本书,这也是为日后做准备。熟悉了这本书的内容结构,往后需要深入学习时,便可信手拈来。

扑热息痛和布洛芬的使用指导

不到 3 个月大的小宝宝不能服用这两种药物(除非是有专业医生的处方,那么请您谨遵处方)。如果您要给宝宝服用这两种药中的一种,或是其他镇痛药、退烧药,请务必按照药盒上的使用方法和剂量说明来服用。若是自己无法确定用法和用量等,那么请咨询专业医生。

突发疾病和宝宝常见病护理指导

宝宝疾病护理的首要法则就从医学常识开始:
- 相信直觉——您能够感觉出自己的宝宝何时不对劲。
- 宝宝生病时,务必保持镇定。
- 弄清何时需要寻求专业医生帮助。

如何确认宝宝健康无疾病

宝宝,尤其是很小的小宝宝,通常没办法告诉妈咪自己身体不舒服或者受伤了。一个健康的宝宝应当是这样的:
- 皮肤透出健康光泽。
- 头发光亮。
- 鼻干无涕。

- 笑脸常在。
- 活蹦乱跳。
- 胃口好。
- 睡眠好。

以上都是健康、快乐宝宝的应有表现。若宝宝的情况与以上的描述有任何出入，那么他可能是生病或受伤了，或者是情绪低落。如果妈咪察觉到宝宝的健康状况有任何变化，那么请务必做进一步的观察。

宝宝生病的征兆

脸色不好很可能是宝宝生病的前奏。他自己不能采取任何措施，完全有赖于妈咪您的迅速反应和寻求医生帮助。初学步的宝宝可能前一分钟还在嬉戏玩耍，后一分钟就马上生病发烧，哇哇大哭起来。但是，您的宝宝生病前会有一些征兆，您必须知道应从哪些方面来发现这些征兆。

宝生病征兆目录：

- 晚上睡眠良好，但白天异常疲倦。
- 嗜睡且不愿玩耍。
- 异常安静且不常讲话。
- 厌食。
- 不喝水。
- 发热。

一个非常可靠的征兆就是体温的升高。宝宝自我调节体温的能力不及成人，因此，即便是一点点体温的升高，如果没有及时检查或者弄清体温升高的原因的话，很可能立马演变为高烧。

体温计的使用

家庭常用的体温计有 3 种:老式的水银体温计、测量口腔或腋下体温的数码体温计、测量耳部体温的数码体温计。最后一种是诺兰最爱使用的体温计,因为这种体温计得出的数据最精确。医院目前使用的也是这种。不过它的价格较贵。水银体温计不适合用于测量宝宝口腔温度,因为它使用时是放在舌头下面,不够安全。目前这种体温计已逐步被淘汰。大多数家庭使用的都是数码体温计。

> 诺兰忠告
>
> 　　宝宝正常体温一般是在 36.5~37.3 ℃(97.7~99 ℉)。超过38 ℃(100.4 ℉)就是发烧了。

测量腋下温度虽然并不是最为可靠的方法,但对于小宝宝或者大一点的宝宝来说,却是最好的方法了。为宝宝测量腋下温度时,将宝宝放在自己腿上,让他的后背靠着您的胸口。然后将体温计放在他腋下,并保证温度计能与宝宝的皮肤直接接触,不会被小背心或者T恤挡在中间。轻轻按住宝宝的这只手臂,使它夹住体温计不滑落。通常要等上 3~5 分钟,等体温计测量完毕,读出体温计上的温度后,再加上 0.5 ℃,因为腋下温度并不精确,这样的温度更接近宝宝身体的真实体温。测量口腔温度时,如果宝宝刚刚吃了或喝了热的东西或冷的东西,那么先等 10 分钟之后再为他测量。宝宝可能会不喜欢测体温,所以测体温时,想办法让他分心,以保证他不会乱动。您可以用手指布偶,看图画书,讲故事等方法。只要保证最后得出的体温数据是清楚正确的就行。

识别突发事故或疾病

以下是突发事故或疾病的症状：

■ 宝宝痉挛，四肢抽搐或者肌肉抽搐。

■ 发热(39 ℃或者更高)并呻吟；身上出现皮疹或斑点(可能是紫色斑点)，用手按压，皮疹或斑点不会变白或消失。

■ 脸色苍白或青紫，精神不振。

■ 昏昏欲睡，很难叫醒或者迷迷糊糊。

■ 体温升高并且肢体湿冷。

您的宝宝如果出现以上任何症状的话，您应当马上联系医生或者拨打急救电话。

小宝宝复苏术

每一位诺兰的保姆都希望自己在照顾宝宝时，不会用到复苏术。不过她们还是要学会这门技能，以备不时之需。我们建议所有的妈咪、护工都应掌握一些关于小宝宝和大一点的孩子的急救知识。学会这些知识，掌握它们，但希望它们永远没有用武之地。

拨打急救电话

■ 检查一下，看看能否安全地接近宝宝，如果您要救他，自己就不能先受伤。

■ 用10秒钟的时间检查宝宝是否有生命迹象。

■ 检查宝宝是否还有呼吸，方法是：将一只耳朵贴近宝宝口鼻附近，听是否有呼吸声音，并且检查他胸廓有无起伏，如果有的话，证明他还有呼吸。

■ 大声叫宝宝的名字，使他能有一些反应。

■ 如果您发现宝宝可能受伤(尤其是脖子受伤的话)，不要用力摇晃。如果情况允许,可以轻拍他的身体,检查宝宝是否还有意识。

■ 用食指和中指轻按宝宝上臂内侧的骨头,检查宝宝是否还有脉搏。

■ 现场如果安全,并且您能够移动他,那么将宝宝抱起来带到有电话的地方。

■ 拨打急救电话。

■ 大声呼喊邻居求救。

一旦得知救护人员已在赶来的路上,那么您就可以开始给停止呼吸的宝宝做复苏术了。

1 岁以下小宝宝的复苏术

■ 让宝宝平躺在平整结实的表面,或者将他放在您前臂上。

■ 检查宝宝的口腔,看看有没有任何异物阻碍他的呼吸。

■ 保持宝宝的头、胸在一条直线上,不能倾斜。

■ 用您的指尖轻轻支撑住宝宝的下巴。

■ 用您的口对着宝宝的口和鼻吹气(如果您的嘴唇不能将宝宝的口鼻都包住,那么包住其中一个也可以。如果是鼻子的话,务必确保他的嘴唇是闭着的,这样空气才不会跑出来)。

■ 每次吹气间隔 1~1.5 秒,连续做 5 次。

■ 检查一下宝宝的胸廓是否有起伏。

■ 重复上述步骤 5 次。

■ 用 10 秒钟检查宝宝是否有生命迹象。如果他还没有呼吸,那么开始做胸外按压。

■ 将您的食指和中指放在小宝宝两个乳头中间的位置——这个部位就是您做胸外按压的地方。

■ 温柔地进行按压,每次按压的厚度大约为小宝宝胸廓的 1/3,每分钟按压 100 次。一边按一边唱"一头叫做内莉的大象卷起她的鼻子滚到马戏团"(英文的歌词是 Nellie the Elephant packed her trunk and trundled off to the circus)，这样您的节奏就是正确的。

■ 30 次胸外按压后，再做 2 次人工呼吸。

■ 一直保持"30 次胸外按压加上 2 次人工呼吸"的做法，直至救援人员到来。

只要您没有听到救护车的声音，那么您就要一直做复苏术，直到有护理人员告知您停止为止。

1 岁以上宝宝以及成人的复苏术都差别不大，不过仍有些区别。

1 岁以上宝宝的复苏术

■ 如果在保证您自身安全的情况下，能够靠近宝宝，那么先靠近他，做 2 次人工呼吸加上 30 次胸外按压。之后，叫一个大一点的孩子去拨打急救电话。

■ 让宝宝平躺在平整结实的表面，用手轻轻将他的头部往后倾斜一点，您的一只手应放在他的前额，另一只支撑他的下巴。

■ 只能对宝宝做口对口人工呼吸，用手轻轻捏住他的鼻子，以防空气跑出。

■ 做胸外按压时，两只手的手掌要同时用力。

■ 胸外按压的位置在距离两边肋骨下缘交汇处往上一指宽的地方，即胸骨上。

■ 注意不要按压到肋骨。

窒息是宝宝发生突发状况最主要的原因。本章将会在后面详细讲述如何处理宝宝窒息。

休　克

希望小宝宝复苏术永远不会在您的家里上演。不过您可能会遇到宝宝休克的情况，也许有的时候只是发生了一场看似很小的事故，但宝宝也可能会出现休克症状。休克一般出现在严重事故或创伤之

后,也可能伴随一场重大疾病发生。休克的症状如下:

- 皮肤湿冷。
- 颤抖。
- 呼吸急促且很浅。
- 打哈欠或者叹气。
- 脉搏细速。
- 表情淡漠。
- 严重者甚至会意识模糊。

如果您的宝宝在一次事故后出现任何以上症状,那么请按以下方法帮助他:

- 如果受伤的地方不影响的话,请将宝宝平躺并将其双腿抬高(抬到比心脏高的位置)。
- 往宝宝身上搭一张轻的毯子给他保暖,但不能让他太热。
- 经常检查他的呼吸与脉搏。
- 不要给他喂水或食物。
- 拨打急救电话。
- 一边陪着宝宝,一边等待急救人员。

复原姿势

妈咪还需要知道如何将宝宝置于复原姿势。如果宝宝已经不省人事但还有呼吸的话,应该将其置于复原姿势。复原姿势可以保持宝宝呼吸畅通,呕吐物也会慢慢安全地溢出。这时您就可以有时间拨打急救电话。

将宝宝的身体转向一侧,一手90°角摆放在身旁。将宝宝的头部轻轻向后仰,这样可以帮助他打开呼吸道。让宝宝的一边脸颊贴到地面,帮助导出各种流体。时刻查看宝宝的情况,直到救护人员到来。

1 岁以下小宝宝的复原姿势有所不同。双手将宝宝抱住，嘴部朝外，头部朝下，以便于呕吐物能顺利流出。保持这个姿势，直到护理人员到来。

现在就行动吧，给自己预定一个急救课程吧！

联系手术

许多第一次当父母的人都定期到医生那里寻求各种建议。宝宝成长的头几个月，可能会出现一些看似非常吓人的状况。一旦遇到这种情况，身为父母的您一定会奔向医生或者手术室。即便最后只是一场虚惊，但是小心谨慎总比事后懊悔好。而且医生也会很乐意帮忙或者给您建议。如果您能在初次与医生联系的时候就提供一些有关宝宝的重要资料，那么医生的工作就会轻松许多。

医生需要知道的信息目录：

■ 宝宝的年龄。

■ 宝宝的体温和发烧时的明显状况。

■ 宝宝的其他症状——出皮疹、呕吐、腹泻、受伤。

■ 宝宝的整体情况——呼吸问题，毫无生气，嗜睡，失去知觉或者厌食，不想喝水等。

■ 宝宝的居住地址。

有了这些资料，宝宝的医生或者手术护理人员就能够立马做出判断，看是否需要紧急救助或是妈咪到医院预约一下。即便宝宝出现的症状很轻微，医生也比较愿意当面给宝宝诊断，因为电话诊断往往很难，并且对宝宝而言，小症状也会在很短的时间内恶化。这可能仅仅是一种预防措施，但是现在就准备好一些有关宝宝的重要资料，以备不时之需。

看医生时的"装备"

■ 尿布或换洗的裤子。

■ 棉布或茶巾，用来擦拭呕吐物、口水或者眼泪。

■ 宝宝正在服用的药物清单。

■ 发烧的记录。

■ 饮水杯或者牛奶瓶，以防等待时间较长。

■ "红宝书"，书中可保存宝宝的疫苗接种记录和成长记录，还可以是一些相关的医疗记录。

如果宝宝现在正在呕吐或者受伤了，那么在没有医生允许的情况下不能够擅自给他喂食或喂水。如果宝宝要手术，他还得等消化系统把什么都清空之后，医生才能给他打麻醉剂。

把很小的宝宝带到医生那里相对简单些，宝宝可能会感觉到周围环境或者您的情绪的变化，那么您只需抱抱他，使他安心便可。但是，如果宝宝是被吓着了，或者身上很疼，那情况就大不一样了。您得向宝宝解释清楚每件事情：我们为什么要出去；检查或者手术要花多长时间；医生可能会做些什么事情；还有回答宝宝的每一个提问。如果您此时正在家里手忙脚乱准备出门，要做到上面说的听起来的确不大可能。那么，请您务必不要慌张。要理清楚要说的话，保持声音平和、确保说话的方式是鼓励性的，而不是命令式的。您也不希望自己的宝宝受到惊吓而执拗不肯去医院，而且任你怎么劝说也没法带上车吧。如果您是自己一个人，那么最好请一位邻居或者朋友一道去。两人可以分工合作，一个人开车，一个人坐在后面陪着宝宝。

照看生病的宝宝

如果宝宝不舒服，先尽量按照平常的方式和习惯来照看。但是，何时放弃这种做法，转而给他吃喜欢的东西，让他想睡觉的时候就睡觉,自己应做到心中有数。宝宝生病时,您应当一直与他在一起,如果他能蜷缩在楼下的沙发上,可能他会更加开心。

花点时间与宝宝在旁边的桌子上玩些简单的游戏,比如扑克牌或者拼图玩具。如果能准备一套动物玩具也不错,把小动物放在宝宝的毛毯上,毯子就能瞬间变成一片农场。这时宝宝就能开着玩具拖拉机在起伏的田地上耕田了。这就需要您发挥自己的想象力了。如果这游戏也做完了,那么可以请一位邻居去商店买点做手工玩具的材料、胶水和铅笔等来振奋您和宝宝的精神。不过有些生病的宝宝可能只有精力听听故事,遇到这样的情况,就得把宝宝抱起来,再拿上一叠书,给他读书讲故事吧。

到了该给宝宝喂饭的时候了。您可不能相信那老套的"感冒时应进食,发烧时应禁食"的原则。多喝水,多吃新鲜食物是最好的。但时不时还得做点特别的食物来帮助宝宝开胃也是有百利而无一害的。如果宝宝在吃流食,几天不吃正餐也是没有问题的。当他可以进食的时候,他自然会吃东西。但是,如果超过3天不吃东西,那就得咨询专业医生的建议了。尚未断奶的宝宝,如果超过8小时不吃流食(这时,流食是他唯一的营养和水的来源),那应该马上带他去看医生。

宝宝如果拉肚子,最好喂些便餐或者小吃,比如干面包。等宝宝呕吐完了再喂东西。关于清汤和清淡食物,请参见第四章,那些食物可能会激起宝宝的食欲哦。

倒霉但又是事实的情况是,在照顾宝宝的同时,您自己也很可能被传染。但是我们都是非常尽责的。即便自己生病,也不会丢下家里大小事不管。趁宝宝休息的空当,为家里其他人做点大锅炖菜或者各种派,只要是方便加热的都行。如果您累得受不住了,也可以请亲戚或者朋友帮帮忙。

喂　药

用一勺糖来送药,可能对于《欢乐玛丽》中的玛丽·波宾斯十分受用。但给小宝宝喂药时,遇到的唯一难题就是如何让宝宝把药吃下去而不吐出来。等宝宝长大一点,告诉他生病吃药是非常必要的,这样可能效果更好点。

如何给小宝宝喂药

不到 18 个月大的小宝宝的药,应当是液体状的。喂药时使用无针喂药器或者滴管喂药器。务必根据医生开药时给的每次用量给宝宝喂药。必要时,向开药的药剂师咨询每次喂药之间的间隔时间。大多数药剂师在开药时,都会给妈咪配备一个喂药器套装。记住,如果您的宝宝不到 1 周岁,使用的喂药器等器具必须先消毒。消毒完毕,将套装组合好,然后给宝宝喂药,在喂药器的帮助下,药的剂量会比较准确。

首先,将宝宝抱在手中,坐下来。取出喂药器放到宝宝脸颊旁边,然后轻缓地挤压喂药器,将药喂到宝宝嘴里,给宝宝一点吞咽的时间。为了帮助宝宝把药全部服下去,最好是每次挤压下的药量不要太多,喂一次之后,停下来等宝宝把药吞下。少量多次为好。手边准备一块棉布或者毛巾,有药水溢出时方便擦拭。喂药时要小心谨慎,只有正确足量的药剂才能真正起作用。

如何给年龄稍长一些的宝宝喂药

试着在宝宝坐高脚椅的时候给他喂药。建议仍然使用喂药器。因为如果您使用药勺喂药,宝宝喝下一口之后,很可能因为受不了药的苦味而把一整勺都打翻。

我们并不建议妈咪连哄带骗地让宝宝吃药。最好能给宝宝解释清楚,他为什么得吃药,尽量让他配合您。问问宝宝是喜欢用勺子还是喂药器喝药。当然,不能把药交到宝宝手上,不过您可以说服他,让他看着您将药倒出来,帮您看着药量。宝宝吃完药后,可以给他一点新鲜水果或者他喜爱的果汁,这样可以赶走讨厌的药味。

开始学步的宝宝和更大一点宝宝的药

医生开出的药可能是液体状的,也可能是片状的。如果给稍大一点的宝宝开的药是片状,问问医生喂药时能否将药片溶解到水或果汁中。不是所有的药片都适合这么做,但这是帮助宝宝服药的最好方法。

时刻谨记将不用的药物归还给药剂师,以便他恰当处理。

在学校发生突发事故

一旦您的宝宝进入学校,那么在学习的时间段,他的医疗和教育都交由学校照管。诺兰曾有保姆接到校长的电话,被叫去当地急诊室。那是因为我们的宝宝在学校出了意外事故。多年下来,我们已经学会处变不惊、行动迅速,并且每次遇到这类情况,诺兰的保姆都会携带下面的"装备":

紧急事故出门必备品:

- 手机
- 有用的电话号码
- 钱——可以购买水、三明治、打公用电话
- 宝宝的牙膏、牙刷
- 宝宝爱抱的玩具或者舒适的毛毯
- 宝宝读物或连环画

如果宝宝必须留在医院过夜,护士会为他准备睡衣和玩具。不过您自己若能带上这些必要的东西,您家里其他宝宝的事情就易于

安排了。并且,这时您能够更有条不紊地请妻子或丈夫还有邻居帮忙照料。还有一些事情,很快就能办好:比如给宝宝换上睡衣,或找到您自己吃饭、睡觉的地方等。

妈咪自己出意外的情况

当家人出现意外时,您当然知道如何拨打紧急电话。但是您自己也有可能陷入这种不幸。为了在这种不测发生时有人能挽救您的生命,平时与宝宝"扮家家"时(比如,"帮泰迪熊打急救电话"的游戏),您就应教会宝宝拨打紧急电话的必要步骤。记住,一定要让宝宝清楚,拨打紧急电话这种事并非儿戏。救护中心的人也接受过专门训练,知道如何与打电话来的勇敢的小朋友交流。救护中心接线员会努力从宝宝口中问出重要信息,并且让宝宝保持足够长时间的通话,以方便追踪地点。妈咪的任务就是要教会宝宝做好他自己的这部分事情。

带宝宝去医院

没有人喜欢到医院看医生,对于宝宝来讲尤其如此。每次都是十分痛苦的经历。如果您的宝宝必须去医院,尽量保证他不焦躁、不忧虑。成功与否就取决于您如何向他"推销"这一全新的经历了。我们是如何做到这一点的呢?我们往往保持真诚,给予宝宝支持,并且永远站在宝宝这一边。

计划好的一次医院之行可能意味着一次治疗,或一次手术,或者是宝宝处于需要频繁就医的状况。如果是这样,您的宝宝可能已经很不舒服,并且心里感到害怕。这时您得向宝宝解释为什么医生要他待在医院,还有接下来要发生什么。您要跟宝宝讲真话,无论过程中会有什么疼痛,是不是要缝针,或者有其他的医疗方法,通通都不能隐瞒。否则,对未知的恐惧加上宝宝丰富的想象力,可能会导致宝宝很大的不安。医生检查完毕并进行会诊时,在宝宝愿意的情况下,陪他一起留在医生的房间。这样他可以清楚地知道医生讲的内容,之后他还可以向您或者医生提些问题。你们讨论的是他的身体状况,因此,最好让他觉得自己也在参与这个过程。

在会诊与医院治疗之间的时间里,您可以带着宝宝扮家家("泰迪熊进医院")。如果是大一点的宝宝,您还可以与他一道看合适的医疗书籍。对于接下来要"发生什么事""何时发生",他知道得越多越好。有的医院提供"宝宝就医培训演练日",在这几天里,宝宝们可以到医院去见护士,看病房,真正熟悉医院的环境。这样的活动对宝宝非常有利,对于将来可能会发生的意外有很大的益处,并且能够帮助宝宝保持心理平静。

只有妈咪自己知道宝宝去医院就医会变得多么焦躁,所以请计划好在去医院的多少天前开始倒计时。既不要过分关注这个时间,也不要临到头了再告诉宝贝。您可以跟宝宝讲:还有 3 天我们就去见护士姐姐了。提前 3 天告诉宝宝可能会有帮助。此外,还可以给宝宝讲讲医院里他的床会像什么样子,他的玩具又是些什么。如果宝宝能够自己列出他想要带去的东西,也许他会感觉好一点。如果是刚刚学步的小宝宝,您则需要在卧室里给他打包喜爱的睡衣、泰迪熊和宝宝书籍。把这些通通装进您的袋子里吧。

> **诺兰金科玉律**
>
> 把宝宝的名字写到或者缝到他的每一样东西上面。如果他的睡衣被丢在医院的洗衣室或者他跟同病房的宝宝交换了书籍,这时写上或者缝上的名字可以帮助您顺利地找回这些东西呢。

如果您能一直陪着宝宝,他肯定会更高兴。许多宝宝病房都提供妈咪陪护的床位,尤其是给那些要长时间待在医院的妈咪们。记得提前向医院咨询这类服务。

宝宝病房还配备有陪宝宝玩耍的医护人员。但是这类人员的数量太有限,因此您最好尽可能多地陪着宝宝、照料宝宝。确保医生给宝宝做检查时,您能在他身边,因为他需要您的支持,才能鼓起勇气向医生提问哦。

有些宝宝进了医院以后就更加孩子气,这也是意料之中的。因为毕竟对于他们来说这是比较可怕的经历。如果您发现自己的宝宝有这种现象,马上向护士反映情况,这样护士便能够给予宝宝更多的安慰,更能与宝宝打成一片。

医院可能不允许有些住院的宝宝下床玩耍,因此您必须选择一些在病床上就能玩的游戏。比如可以放在盒子里玩的磁性拼图、用铅笔画图游戏(不能用钢笔或圆珠笔,否则会弄脏你们的床),或者一小盒乐高积木(带有小盘子的那种,可以把所有积木都放进盘子里)。如果是大一点的宝宝,他们可能会喜欢故事书或连环画。

如果宝贝脸上表情不对,那您要注意,可能是"拉臭臭"了。很多宝宝能很快适应医院,能与护士或者其他宝宝结成朋友。住院后回家也是个麻烦事,您得事先做好准备。尽可能和宝宝讨论一下,他回家的第一餐想吃些什么。他在医院表现得那么勇敢,您可能得买个小玩具奖励他一下,或者把他的小泰迪熊们挨个儿排在楼梯上,欢迎他的回家。尽量做得有趣一些,让宝宝刚回家的几天都能感觉舒服。

看牙医

带宝宝看牙医这件事可能让人却步,因为一般都是在宝宝 5 岁以后才看牙医。这个年龄的小淘气可是什么都能看懂、什么都能听懂,并且还是个"十万个为什么"。如果您以往的战术是骗他去做些他不爱做的事情,那现在诺兰就得对这一方法亮红灯了。完完全全地坦白是唯一的法子。先去牙医那里"侦查"一番不失为一个好主意。您自己去看牙医的时候，带着他一道。如此一来，宝宝也能事先熟悉那里的环境和器材。您可以让他骑着牙医的椅子玩儿。如果在宝宝眼里，牙科手术室并不是奇怪又可怕的地方，那么您的"战役"就打赢了一半。最后的胜利取决于能否找一个喜爱宝宝的牙医了。这样的牙医一般都风趣幽默，通常都是有人为您介绍的。如果您的宝宝理解为什么要保持牙齿干净洁白，并且坚持定期看牙医，他就能够避免以后要补牙的噩运。

宝宝小疾病护理指导

通过前面的介绍，您已经学会了如何处理宝宝急诊和基本急救知识。现在诺兰将要介绍我们所遇到过的各类宝宝疾病。以下是最常见的几类，诺兰还将教您如何识别和怎样处理这些问题：

小宝宝会遭遇的问题

年龄较小的宝宝很容易受各类疾病感染，这主要是因为他的免疫系统未发育完全，抵抗力不够强。从刚出生的小宝宝到几个月大的宝宝，都容易感染许多疾病，如耳部感染、胸腔感染。不过随着宝宝逐渐长大，他的免疫系统也会慢慢发育，抗击细菌的能力逐步加强。等到大概 1 岁时，宝宝的免疫系统就能彻底清除入侵的细菌了。

胸腔感染

胸腔感染的情况较难察觉。有时宝宝咳嗽，仅仅因为感冒引起喉咙后部产生黏液而造成。如果宝宝的饮食正常，并且没有喘息声，那您可以试着给他喂点水，帮他止干痒。如果能够让宝宝靠在什么地方或者能让他端坐着,他可能会更舒服些。但是,如果宝宝的情况不止是咳嗽,还伴随发烧、喘息、呼吸困难或者厌食,您就得注意他是否受到了感染,并且找医生咨询。如果怀疑小宝宝患了义膜性喉炎,马上带他去看医生。

耳部感染

耳部感染无论是对宝宝还是大人都是很严重的疾病。宝宝耳朵痛的表现有:心情差、经常哭、用力拉扯,或者揉搓受感染的耳朵。宝宝的体温可能也会升高。遇到新生儿的这种状况,一定要向医生咨询办法。越早看医生越好,不要等到宝宝难受得无法入眠时才去找医生。宝贝难受,照看他的大人也会非常急躁。

发 烧

如果宝宝的体温达到或超过38 ℃,那肯定是发烧。在找医生之前,妈咪可以自己想些办法。当然如果您的宝宝已经病得比较严重了,那是必须立马就医的。

宝宝发烧时妈咪应该做和不能做的事情:

■ 将宝宝外面的衣服脱去,只剩下小背心和小裤裤(或者尿布),这样可以帮助宝宝降温。

■ 不要让他穿着睡衣躺在床上,也不要把他盖得太严实,因为宝宝太热的时候,您得保证他能踢掉被子。

■ 把宝宝放在通风但又不冷的房间,帮助宝宝降温。

■ 尽管您很想抱着宝宝,但是他发烧时千万别这么做。抱着他只会让他更热。

■ 时不时地给宝宝喂几口水,保证他身体对水的需求。

■ 每60~90分钟给宝宝量一次体温并记录数字。

■ 用毛巾浸凉水给宝宝擦拭身体,从前额开始,到四肢、身体躯干,以此给宝宝降温。让毛巾带来的水分在宝宝皮肤上蒸发,这也是有利于降温的,或者给宝宝洗个温水澡。

■ 不要用毛巾浸冰冷的水给宝宝擦拭身体,因为这样会使宝宝血管收缩,热量不易散发。

■ 给宝宝喂点扑热息痛或布洛芬(液体状),一定注意用法、用量(遵照药盒上的说明来做)。

■ 如果体温居高不下,或者温度时高时低起伏较大,那么您得立马与医生联系。

■ 不要让宝宝发烧超过 24 小时都不找医生。

给医生打电话时,依照您做的记录向医生描述发烧的状况和其他症状,医生大多会建议您带着宝宝去医院,尤其是比较小的宝宝。

热性抽搐

热性抽搐主要发生在 6 个月到 6 岁大的宝宝身上,宝宝刚感染感冒病毒,体温不断上升,这时的他非常容易发生热性抽搐。突然的热性抽搐可能会持续 1~2 分钟,对于父母或者看护者来说都是一个警报。妈咪务必遵照上面的注意事项,宝宝抽搐之后,应立马带他去看医生。如果抽搐的时间超过 1~2 分钟,马上拨打急救电话。热性抽搐的明显症状如下:

■ 身体僵硬

■ 失去意识

■ 四肢颤抖抽搐

宝宝发生抽搐时,妈咪应当让他侧卧,这样呕吐物才能及时流出。将宝宝的衣服解开,并用凉毛巾从头部开始擦拭他的身体。即使您需要急救帮助,这时也不要把宝宝一个人留在一边,抱着他一起去打电话。

癫痫（羊角风）的处理

医生很难对很小的宝宝诊断出癫痫，但这又是非常严重的病症。不过好在癫痫发生在宝宝身上的概率较低。但是宝宝要是出现痉挛或抽搐的状况，您必须带他去看医生，以弄清是不是癫痫初期。如果您的宝宝很小，比如刚刚学步或者还未上学，他常常出现失去意识的状态，并且这种状态不同于正常宝宝做白日梦的情况的话，请务必向您的医生咨询一下。

胃 病

如果宝宝呕吐或腹泻，下面就是您要留心的事情。

呕 吐

宝宝可能因为生日蛋糕吃过量或者肚子里有引起胃病的病菌，从而出现呕吐现象。如果呕吐是由某种疾病引起的，那么宝宝还可能在呕吐的同时，伴随体温升高。您能做的就是鼓励宝宝多喝水，并在他床前或沙发边放一个碗或小桶。多给宝宝些安慰，经常喂点凉白开水，多给他宽宽心。倘若宝宝持续呕吐超过 24 小时，并且妈咪找不出原因的话，建议您马上找医生帮忙。大一点的宝宝有时可能会出现喷射性呕吐现象，持续的喷射性呕吐、小宝宝的喷射性呕吐，或者很小的宝宝吐出胆汁的情况，您都应立即带去就医。

诺兰金科玉律

　　将剃须泡沫喷洒在宝宝呕吐过的地毯或者其他织物上,呕吐物就会凝结,之后便能轻而易举地用厨房卷纸擦干净了。

腹　泻

　　腹泻可能会让宝宝很害怕。宝宝上厕所的时候,可能需要您的帮助和安慰。多给宝宝喂水,保证宝宝对水的需求。如果没有专业医生的指导,不要乱用止泻药。刚刚学步的宝宝,如果接受过坐便盆训练,可以让他穿上"拉拉裤",这样有什么突然腹泻的情况,也不会让人措手不及了,并且宝宝也不会那么不舒服。如果宝宝睡觉时还在拉肚子,您就得准备一片尿片和一张塑料膜了。

　　很小的宝宝腹泻是最麻烦的。如果情况很糟糕,您可能刚刚扯下一袋尿不湿的标签,给宝宝换上新的尿不湿,不出一会儿宝宝就又拉了。应当给宝宝喂母乳,保证宝宝对水的需求。如果您的宝贝吃的是其他小宝宝食品,或者喝的是牛奶之类的,您最好暂时不要给他喂牛奶,改用凉白开。这几个小时可以让宝宝的消化系统恢复一下。医生建议给宝宝吃一点口服补液盐片,补充盐分和水分。使用之前切记咨询医生,并按照药盒上的用法用量说明给宝宝喂服。1 岁以下的宝宝,腹泻不可超过 24 小时;新生儿的上限是 8 小时,否则他们很容易脱水。

　　如果宝宝上吐下泻,那情况就比较严重了,应立即就医。因为这样的情况可能是肠胃炎引起的,并且妈咪在家中自己采取措施,可能已经不能解决问题了,这时应当赶在宝宝情况越发严重之前,立即就医。

脱 水

对小宝宝来说,脱水症状来得很快。但若察觉出以下症状,便能很快判断出宝宝是否脱水:

- 嗜睡倦怠
- 嘴巴发干
- 囟门(宝宝头部顶端)凹陷
- 眼睛凹陷
- 皮肤松弛
- 尿液少

如果宝宝很小,应当挂急诊;大一点的宝宝可以给他喂水,帮助宝宝休息。天热的时候,为预防宝宝脱水,应当多给宝宝补充水分,即便您的孩子觉得不需要喝水,仍然要给他喂一点。因为当人感到口渴时,往往已经缺水比较久,只是自己未察觉。

便 秘

便秘可能是其他疾病的连带反应。此外,宝宝如果专注于玩耍,或者在学校时不愿独自去卫生间,想上厕所而没上,他也会便秘。便秘时,宝宝肛门可能会疼痛,这时他就更不愿去厕所,如此一来便形成恶性循环。妈咪越早打破这一恶性循环对宝宝越好。

每顿饭给宝宝多喂些水,加些水果和蔬菜,这些可以对消化系统起到润滑作用。试着给宝宝倒些纯苹果汁或橘子汁;如果是1岁多的宝宝,那么可以加水稀释一下。让宝宝多做点锻炼,也会有所帮助。

如果是小宝宝便秘,妈咪从他的尿片或尿不湿上可以发现小的颗粒。如果宝宝肚子疼,他还会用膝盖靠近胸口。这时您应当温柔地给宝宝按摩肚子,并且让他做腿部的运动。

倘若问题较长时间都未解决,那么请教您的医师或药剂师。

肚子疼

宝宝肚子疼时,可以给他喂些水,或者用毛毯将宝宝裹严实,并在毛毯里放一个热水袋。造成肚子疼的原因,可能是宝宝吃饭吃得太急,也可能跟某种流行的疾病相关。不过肚子疼到让宝宝哭泣的程度就较为严重了。如果您怀疑有什么严重的情况,请立即带宝宝就医。

头 疼

很小的小宝宝较少出现头疼的状况。头疼可能是脱水的早期症状,也有可能是宝宝生病又或者仅仅是累了。最好给宝宝多喂些水,可能的话按照正确的用法用量,给宝宝喂点止疼药。让宝宝静静地坐着并镇定下来。低血糖也会导致头疼,这时可以给宝宝喝一杯橘子汁或吃半根香蕉。如果头疼状况未见减轻甚至恶化,请立即给宝宝找医生。

咳嗽与感冒

感冒引起的咳嗽与喉炎或哮喘引发的咳嗽不同。宝宝咳嗽时,您应当观察他是哪种情况:

感 冒

尽管感冒的负面影响并不大,而且还能促进宝宝免疫系统的发育。不过为避免您的家人长期遭受感冒的侵扰,您可以采取以下措施：

■ 想咳嗽或者打喷嚏时，用手将自己的嘴捂住，以免病毒波及他人。

■ 打喷嚏后请洗手。

■ 随身多带些纸巾，每次用完后记得妥善处理。

大多数的时候，患感冒的人即便不吃感冒药，也会在 5~7 天后自然痊愈。如果感冒还伴随有头疼或轻度发热的症状，就得服用一些液体的扑热息痛（记得按照正确的用法用量来服用）。您能为您的宝宝做的就是多给他喝水，让他多休息，保证健康饮食和丰富的维生素。

唇疱疹

冬天在长时间吹风的环境下，宝宝容易受一种病毒感染患上唇疱疹。这时宝宝会嘴唇开裂，鼻子疼痛。如果您发现宝宝口鼻周围发红，这可能就是唇疱疹的前期征兆。之后会出现水泡并结痂。治疗唇疱疹的最佳时机，是口鼻周围发红并伴随刺痛感的阶段。妈咪可以从药剂师那里给宝贝买一些抗病毒的药膏，但务必记住向药剂师说明需要用药的宝宝的年龄。

唇疱疹会通过接触传染。因此保证宝宝只使用自己的毛巾，勤洗手，不靠近其他的小伙伴。因为宝宝间的互相亲吻还有流出的鼻涕，都会传播唇疱疹病毒。如果症状蔓延到宝宝眼部，那么务必带宝宝就医。

义膜性喉炎

宝宝因为喉炎引发的咳嗽声比较特别：声音嘶哑，咳嗽时发出"空一空一空"的声音，似犬吠声，并可能伴有喉鸣音。如果出现以下情况，请带宝宝就医：

■ 吸气时肋骨处皮肤下陷

■ 脾气焦躁不安

■ 嘴唇与脸部发青

这些症状表明宝宝的情况已经比较严重,应当立即就医。普通的喉炎只要带宝宝去蒸汽大的房间,就能得到缓解。浴室是最佳场所。关好门窗,打开热水龙头制造蒸汽,带着宝宝一起坐在浴室里待上一会儿。在水蒸气弥漫的浴室,很难做游戏或者看书,因为书都会被弄潮。您可以给宝宝讲些故事:透过轻舞飞扬的烟雾我看到了……

哮喘

医生很难确诊很小的宝宝是否患有哮喘,因为在他们身上很难做呼吸测试。不过许多宝宝随着年龄的增长,哮喘也会消失;或者他们的哮喘只是季节性过敏造成的。如果宝宝有哮喘症状,应找出引发他哮喘的确切因素。可能是花粉、某种未曾吃过的食物、传染、压力等各种原因。哮喘的症状有:

■ 长时间咳嗽(夜间或者运动后咳嗽加重)

■ 咳嗽时伴有喘息声

■ 呼吸困难(跑步之后更严重)

如果医生确诊宝宝患上哮喘,那么他会给出适合您宝宝的正确医治方法。不过,即便宝宝有哮喘,也并不意味着宝宝不能梦想有朝一日成为奥运健儿。无论是妈咪、宝宝自己还是其他关心他的大人,只需要知道造成哮喘的原因和解决办法就好了。

妈咪大战哮喘

■ 不要惊慌,不要给患上哮喘的宝宝额外的压力了。

■ 随时随地常备哮喘药。

■ 将宝宝哮喘情况和会引发他哮喘的事物告知您宝宝的朋友、家人、看护和学校。

■ 让宝宝的看护者或学校在医疗箱里准备一个宝宝专属的吸

入器。

■ 告诉宝宝哪些东西会引发他的哮喘,这样他便能告知周围的人如何避免这些东西靠近他。

如果您的宝宝知道哮喘病发时应如何应对,下面的内容十分有帮助。照顾宝宝的人都应当这样做:

哮喘病发的应对措施:

■ 让宝宝坐到有笔直靠背的椅子上,面朝靠背。笔直的靠背可以帮助宝宝挺直胸部与下巴。

■ 用储雾罐让孩子吸入两口气雾剂(药量遵照医嘱),储雾罐可使药效最大化。

■ 等待 5 分钟,如果呼吸还没平静下来,再施一次药。

■ 最多等待 10 分钟,若情况仍不见好转,马上带去看医生或者拨打急救电话。

给宝宝使用的平喘药不要超过医生叮嘱的用量,否则会造成其他问题。即使宝宝在哮喘病发时,可能无法自己操作吸入器和储雾罐,您也要教会他使用方法。在家里练习时,可以先在泰迪熊上做实验,然后再用在宝宝身上。一旦宝宝病发,即使您不在身边,他也可以让其他大人帮忙操作,他可以告知大人们使用方法。

> **诺兰金科玉律**
>
> 用不掉色的标记笔在宝宝吸入器的外壳写上用量,比如"3 小时内施药 3 次"。这样,任何可以帮忙的人,都能第一时间知道用量,而不用浪费宝贵的时间给您打电话询问。

记得经常清洗呼吸器。因为呼吸器里面的药粉遇到嘴里的湿气时,容易阻塞设备。清洗的方法是:首先卸下保护内部药物圆筒的塑料外壳,然后用温热的肥皂水清洗。之后等它自然风干,并将两部分再重新组装到一起。

过 敏

过敏是指身体免疫系统对外界刺激的一种反应。过敏的表现有：皮疹、伴随流眼泪症状的花粉热、打喷嚏、胸闷、呼吸困难。成人与宝宝都可能出现过敏反应。一旦宝宝过敏，宝宝和妈咪都很麻烦。

如果宝宝皮肤瘙痒，出现凸起的皮疹（比如荨麻疹），并且发现他用手去抓患处，您就得想想宝宝是否遇到什么问题。是患了荨麻疹，还是他在花园里触摸过某种有毒植物或植物的球茎？还是他将您的香水喷在自己敏感的肌肤上？又或者是他刚刚抚摸过一只小狗或小猫，而自己对皮毛过敏？如果您能找出过敏原，下次便知如何避开过敏原。与此同时，如果宝宝过敏的症状比较轻微，那么您应当：

■ 时刻注意宝宝，看看过敏症状是否加剧。

■ 让宝宝保持凉爽，并用炉甘石液给宝宝擦拭，这样能够减轻瘙痒。

如果过敏反应一直持续不消退，将宝宝的症状告知药剂师，他会开出合适的药方；如果情况严重，他会建议您带宝宝看医生。

以下是可能会引起宝宝过敏的过敏原（简短易记版本）：

■ 坚果类，尤其是花生

■ 海鲜，比如贝类、对虾、龙虾、蚌

■ 草莓

■ 蜂蜜

上述过敏原不一定都会给宝宝带来威胁，但是还是谨慎小心为上。宝宝 5 岁以前最好不要给他吃坚果或者海鲜。等到至少 5 岁以后他的身体更强壮，即便发生过敏反应也可以应对时再吃。草莓和蜂蜜的影响不那么大，不过还是等到宝宝两岁之后再给他吃这些甜食。

宝宝出现过敏症状之后,您才会知道他过敏。妈咪务必要清楚如何判断宝宝是否过敏。如果宝宝出现以下现象,有可能是过敏惹的祸:

- 瘙痒不止
- 对严重的皮疹反应不大
- 凸出的疹子或抓伤
- 流眼泪并且(或者)流鼻涕
- 不停地打喷嚏
- 胸闷、呼吸困难

过敏性休克

过敏性休克,是所有过敏症中最严重的现象。如果宝宝比较脆弱,以上提及的任何轻微过敏,都可能演变为过敏性休克。过敏性休克会危及宝宝的生命。如果宝宝出现以下症状就可能是过敏性休克:

- 脸部肿胀
- 口唇、舌头肿胀
- 吞咽困难
- 呼吸困难
- 用力抓挠颈部

过敏性休克会危及宝宝生命,但如果处理得当也可化险为夷。如果发现宝宝有过敏性休克症状,务必马上拨打急救电话,并告知电话那头的医生,宝宝可能是过敏性休克。医生会通过电话教您根据病情的发展情况来处理,并且医生一定会首先向您派出救护车。

被蜜蜂或黄蜂蜇了

被昆虫蜇了之后,有的人会起过敏反应。情况较轻的可能是被蜇的周围出现肿胀,不过也有更为严重的。如果情况较轻,妈咪可以在家给宝宝做护理。

我们建议：

■ 不要用挤毒液囊的方式来移除蜂针，找到蜂针刺入宝宝皮肤的地方，将手指甲放在其入口的基部，轻轻拔出蜂针，切记避免碰到毒液囊。

■ 若是被蜜蜂或黄蜂蜇了，拔出蜂针以后立即用力按摩受伤的地方。如果按摩得好，可以促进人体释放内啡肽到被蜇的地方（内啡肽是人机体内部一种减轻疼痛的物质）。

■ 用毛巾包一块冰块敷在肿胀的地方消肿。

湿　疹

有时一些过敏反应会导致湿疹。宝宝的衣服用了一种新的洗衣粉，或者对羊毛衫的不适反应都可能导致湿疹。患湿疹的宝宝会出现皮疹，或者皮肤开裂并渗出液体。患处会瘙痒、疼痛，通常出现的地方是肘窝、膝盖后面、手部、面部。妈咪没有办法防止湿疹的出现，但是可以帮助宝贝减轻症状。

止痒措施：

■ 用润肤剂给宝宝洗澡。医生会给宝宝开适量的润肤剂。

■ 用含水的润肤露代替香皂。

■ 将每周洗澡的次数减少到 1～2 次，因为弄湿身体也有可能加重湿疹。

■ 洗澡时不要用太热的水，温热的水能减轻瘙痒。

■ 不给宝宝洗泡泡浴，不用清洁剂洗澡。

■ 避免宝宝接触人造纤维，穿着棉制品最佳。

如果采取措施后宝宝仍未见好转，务必向医生咨询。如果宝宝患处开裂、渗出液体，注意防止裂口的地方受细菌感染。

诺兰金科玉律

　　给宝宝使用无香型润肤霜,轻轻向下涂抹于宝宝身上。注意别把润肤霜擦在宝宝起疹子的地方,那样会加剧瘙痒。

　　如果宝宝夜间被子太厚而感觉很热,瘙痒也会加剧。这种情况会影响宝宝的睡眠,宝宝就会不自觉地抓痒,而给皮肤造成伤害。妈咪可以给宝宝带上连指手套,并尽量剪短他的指甲。把旧的长棉袜脚部剪下,给宝宝当圆柱形绷带,套在发痒的膝盖或手肘部位。

花粉病

　　花粉病是一种季节性过敏反应,通常表现为打喷嚏、咳嗽、流鼻涕,还有流眼泪。过敏原可能是苹果花、花粉或者割下的青草等。过敏者会有非常难受的症状,因此在宝宝易于患花粉病的季节,尽量让他待在室内,或者给宝宝服用医生开的抗组胺药。

诺兰金科玉律

　　给宝宝配置一副太阳眼镜,防止过敏原侵害宝宝的眼睛。

宝宝传染性疾病

　　很多严重的疾病诸如麻疹、腮腺炎还有风疹现在都十分少见了。但这并不意味着它们已消失殆尽。如果父母不注意宝宝的疫苗接种,那么这些邪恶的疾病还是会将魔爪伸向您的宝宝。以下是妈咪应当注意的最常见宝宝传染性疾病以及一些更为严重的病症。一旦宝宝出现这些情况,父母应当立即带宝宝就医。

水 痘

3月到5月是水痘易发的时间,它会通过飞沫传染(比如唾沫、喷嚏)。水痘传染性极强,尤其是在皮疹出现的前两天。水痘的潜伏期一般为11~21天,病症初期的症状有:感觉不适、起皮疹、轻度发热。皮疹会迅速演变为像水泡一样的小疱,开始出现在胸部,之后扩散到全身。过几天水疱干涸结痂,这时患者就不再具有传染性。不过有些托儿机构在宝宝身上有斑点的情况下,不会接收宝宝,因此大概有两周的时间,宝宝都不能进托儿所。不要用手撕结成的痂,否则宝宝可能会留疤。对于宝宝发热的症状,参见前面提到的"宝宝发烧时妈咪应该做和不能做的事情"。如果结痂的地方开始发痒,用干净的布轻轻给宝宝擦点炉甘石液(注意:用来擦拭的布不能是纤维质地的)。晚上睡觉时,给宝宝穿宽松的睡衣,套上棉质连指手套,以防很小的宝宝夜里睡觉抓坏皮肤。

脓包病

脓包病的传播就像是宝宝茶话会上的覆盆子果酱一样,从一个人传播到另一个人。其传播方式为接触传播。生病的宝宝皮肤发红、起小水泡,干燥后形成黄色或金色的痂。脓包多出现在口、鼻周围,如果在眼睛周围的话,患者会感觉异常不舒服。患脓包病的宝宝需要带去医生那里治疗。如果医生给宝宝开了药膏,给宝宝上药时带上保护性手套。宝宝患病期间不能送去托儿所或学校,直到宝宝痊愈方可复学,时间一般为5天。

脑膜炎

脑膜炎相对发病率不高,但却是一种非常严重的传染病,16岁以下的青少年、宝宝都可能患脑膜炎。如果宝宝年纪很小,该病的影响就更严重。因此无论是妈咪还是护理人员,都应当能够识别脑膜炎的早期征兆。此外还应学会一个简单的测试方法,用该方法来判断您是应当到医院给宝宝治病,还是只是带宝宝做常规检查。

如果是小宝宝,那么其征兆是:

■ 高声尖叫或呻吟状哭泣

■ 昏昏欲睡

■ 不愿吃饭

■ 发烧

■ 失去意识

■ 身上出现红色或紫色斑点,用手按压后不消失

如果是大一点的宝宝,其征兆是:

■ 嗜睡、迷糊

■ 严重的头疼

■ 对光线敏感

■ 颈部僵直

■ 发烧

■ 厌食

■ 身上出现红色或紫色斑点,用手按压后不消失

患儿很可能会出现皮疹,妈咪可通过玻璃杯测试来加以判断,具体操作方法是:用透明玻璃杯按压皮疹,如果压之不褪色,则需要马上送宝宝去医院。即便以上其他症状均不明显,只要有这一项症状就应立即就医。

脑膜炎恶化速度很快,起初症状可能类似重感冒或者流感,但很

快演变为危及宝宝生命的恶疾。因此,您应当学会识别以上症状,并且宝宝出现任何皮疹现象,都应用玻璃杯测试来判断宝宝是否可能患上脑膜炎。

麻 疹

麻疹潜伏期为 7～12 日,初期症状为重感冒、咳嗽和眼痛。到第3 或第 4 天,宝宝会出现皮疹并伴随体温的升高。

流行性腮腺炎

流行性腮腺炎潜伏期为 7～12 日,初期症状为发烧、耳喉周围不适。下颌周围肿胀,发热,全身疼痛。

风疹(又称德国麻疹)

风疹潜伏期为 14～21 日,初期症状为轻度感冒,第二天开始出现皮疹。

免 疫

现如今宝宝疾病的数量比以往少许多,这多亏各种免疫计划。免疫工作者会向妈咪介绍宝宝可以接种的疫苗,并解释接种这种疫苗的作用。宝宝三个月大时,就可接种疫苗,一直持续到青少年时期。主要接种的疫苗有:
- 白喉疫苗
- 破伤风疫苗

■ 百日咳疫苗

■ 流感嗜血杆菌疫苗（流感嗜血杆菌是一种传染性细菌，可引发肺炎、脑膜炎、败血症）

■ 脊髓灰质炎疫苗

■ 麻疹、风疹、流行性腮腺炎的混合疫苗（即 MMR）

■ 脑膜炎疫苗

■ 结核疫苗（又称卡介苗）

■ 肝炎疫苗

不同的疫苗适合不同年纪的宝宝，学龄前和青少年时期的孩子通常还需要增效剂或再次接种。第一次带宝宝去接种，可不是件容易的事，并且事前您也无法为他做什么准备，只能在接种后多多关爱、多多抱抱宝宝。事后一定让宝宝休息，也许一觉醒来他就将之前的事忘记了。

小宝宝去接种时，诺兰建议妈咪们，事先告诉宝宝要做的是什么，对宝宝的勇敢予以奖励，这样有助于他渡过"难关"。接种当然很疼，宝宝可能还会吓到，所以您要有心理准备，宝宝可能会眼泪汪汪地盯着您，好似您出卖了他一样。看到这样的场景，妈咪不要大吼宝宝。这时您可以不用抱他，给他一块巧克力，或者让他抱着自己喜爱的玩具，或捧着自己的"慰问品"就可以。小勇士这时的确需要些奖励。

带宝宝接种疫苗时，您和宝宝可能在这个过程中会越来越慌张。如果您没办法抱着他，确保他不乱动，那么诚实地告诉医务工作人员，他们十分愿意帮您抱宝宝，因为这样既能保证接种顺利进行，又不会浪费时间和资源。

接种这天如果宝宝在发烧，或者之前打预防针有过不良反应，妈咪应提前就告知医生。得知情况后，医生可能会等到宝宝情况好转再择日接种，或者采用另一种具有同样作用的疫苗来避免不良反应。

接种的基本原理就是通过接种抗原刺激机体，使宝宝体内产生抗体来对付细菌、病毒。有时,宝宝接种疫苗后,可能会产生轻微的该疾病的症状,因此妈咪务必要留心宝宝的体温(比如超过 38 ℃)。如果是超过 39 ℃,那就应当立即看医生。学龄前宝宝的手臂或大腿可能在接种后会疼痛几日;告知看护的人或者托儿所老师,宝宝现在比较脆弱,这样老师便会限制他与其他小朋友玩得太厉害,并且也能时刻注意宝宝的体温。

宝宝发生事故、受伤后的护理

本章将会告诉您家庭急救药箱里应当储备些什么,如何判断宝宝是否受伤,以及怎样处理摔伤和挫伤。

家庭急救药箱

如果之前家里并没有准备急救药箱,宝宝出世后您就应当去药店准备一个了。急救药箱里的东西还要时不时地更新,保证有适合宝宝的急救用品。

急救药箱应包含以下物品:

- 适合宝宝年龄的止痛药和退烧药。
- 药匙、无针式喂药器(带塞子)。
- 体温计。
- 不同尺寸的敷料。
- 微孔通气胶带,用于压好绷带。
- 消毒纱布,用于割伤和严重挫伤。
- 卷状绷带和三角形绷带,用于扭伤和起支撑作用。
- 消毒药膏(使用之前确保宝宝不会过敏),或消毒喷雾,用于割伤和挫伤。

- 炉甘石液,用于皮疹瘙痒和晒伤。
- 圆头剪刀。
- 镊子,用于取出小东西或小刺,但不能用于拔动物的刺。
- 消毒巾。
- 小型急救手册,以防您忘记必要的物品或方法。

宝宝通常对事物充满好奇,您必须把急救药箱放在宝宝拿不到的地方。不过务必保证家庭其他成员都知道其放置的位置。

宝宝玩耍时不慎受伤或发生意外时的护理

宝宝日益长大,就越发爱冒险。随之而来的可能就是摔伤、撞伤、挫伤等。不论给宝宝讲多少次"不要跑,不要跳",他都不会听,最后结果就是哭着鼻子到您面前。下面介绍如何判断小宝宝和年纪较小的宝宝的受伤情况:

摔伤与挫伤:

- 宝宝是否抱着自己的手臂或者根本不用那只手臂?
- 玩耍或吃饭时,是否只用一只手或一根手指头?
- 是不是躲在角落或家具后面不肯出来?
- 是否不愿意走路或爬?
- 您抱起宝宝时,他是不是在啜泣?

如果宝宝躲在家具后面,他可能是以前从未受过这类伤,不知道如何处理。倘若您看到宝宝倒着走,比如他使用学步车时,学步车往往速度较快,宝宝可能无法适应,而又返回到原来爬行或者拖着脚走的状态。发生这种情况,很可能是宝宝的一只脚或双脚有问题。宝宝骨骼柔软,经不起骨折,但危险又时有发生。如果妈咪抱宝宝时,宝宝畏畏缩缩,那么宝宝可能是肋骨或锁骨出问题了。他的任何不适现象妈咪都应当细细检查,如果发现是撞伤或摔伤,务必带宝宝立即就医。

宝宝太小不会说话时,您应当让他指出难受的地方。您的问话方式不能是:哪里疼呀?而应当是:膝盖疼吗?即便您看出他走路或爬行时心情并不愉悦,也要那样问他。他可能指出几个痛处,如果您的问题太过详细,您就很可能漏掉一些地方。如果宝宝特别害羞,可能他不太愿意从自己身上指出哪里不舒服,试着让他指出泰迪熊或者其他玩偶身上不舒服的地方。大一点的宝宝能够回答您的问题,不过这时的您应当耐心一些,让宝宝按照自己的速度给您讲他疼痛的地方,而不要操之过急。

我们在照看宝宝时,几乎经历了所有宝宝玩耍时受伤的情况。为人父母的你们应当时刻准备好处理以下几类状况,尤其是胆大的小朋友,他们更有可能受伤。

咬 伤

宝宝可能会遭遇被动物,甚至其他宝宝咬伤的情况,这时您应当用干净、温热的肥皂水给他清洗,之后用流水冲洗,直至伤口处所有残渣都洗掉为止。轻轻将伤口处拍干,用纱布和绷带将伤口处盖住至痊愈。如果情况严重,找一些干净的东西做一个衬垫,用力按住被咬伤的部位,并将伤口处抬至心脏以上。这样做的目的是减少出血。然后盖住伤口,并带宝宝去医院。

挫 伤

挫伤对宝宝来讲算是家常便饭。挫伤的地方多是小腿和臀部。小腿挫伤多是由于宝宝完全沉浸在玩耍当中,根本没有注意身体这个脆弱的部分受伤与否;臀部挫伤则是因为宝宝经常用臀部用力坐下去,或者玩耍时不慎从椅子上摔下来臀部着地。严重的挫伤需要引起注意。宝宝如果挫伤严重,妈咪应该用毛巾包一块冰块,用力将冰块按压在受伤处消肿。如果发现宝宝身上出现不明原因的青肿,您应当轻声问一问这是怎么回事了。

窒　息

　　无论是大宝宝还是年纪小一点的小宝宝，在自己还不能完全控制自己吞咽系统，或在宝宝囫囵吞咽的情况下，窒息是很大的危险。宝宝如果出现窒息现象，比如喘鸣、呼吸困难，您应当用前臂抱住宝宝，脸朝您的手掌，头稍微往下，低于身体，用另外一只手的手掌根部，朝宝宝背部中间用力地击打五下。这种方法可以让宝宝吐出阻塞他的东西。不要将手指深入宝宝口中，拿出任何您看见的阻塞物，因为这样有可能让东西滑落到更里面的位置。最好是保持宝宝脸朝下，自然地吐出阻塞物。

　　如果上面那种方法不管用，您只能采取腹部冲击法了。如果宝宝不到 1 岁，将宝宝仰卧于坚固的表面上，把双手的食指和中指放在宝宝肚脐和肋骨之间的位置，差不多在宝宝两个乳头中线的位置，迅速轻柔地向里向上挤压 5 次，然后看看宝宝嘴里有没有阻塞物吐出。如果还没有，再重复做一次。之后再试一次背击法，如果还是不行，抱着宝宝到电话旁拨打急救电话。如果宝宝没呼吸，妈咪应马上给宝宝做人工呼吸。

　　给大于 1 岁的宝宝用背击法时，可以让他自己站着，您用前臂托着他，让他头稍微往下。用一只手支撑宝宝的下巴，然后用另外一只手的手掌根部，朝宝宝背部中间用力地击打 5 下。力道要稍稍大一些，这样才能起到作用。如果宝宝没有呕吐出任何阻塞物，重复几次背击法。倘若还不见成效，可改用海姆立克急救法。海姆立克急救法是一种腹部冲击方法，只适用于 1 岁以上的人。妈咪站在或跪在宝宝身后，从背后抱住其腹部，双臂围环其腰腹部，一手握拳，拳心向内按压于受害人的肚脐和肋骨之间的部位；另一手成掌捂按在拳头之上，双手急速用力向里向上挤压，每做一次，检查宝宝是否呕吐出阻塞物。如果 1 分钟后还不见成效，马上寻求医生帮助。

割伤、刮伤、擦伤

如果宝宝胆子大、比较顽皮,爬树、翻墙,那么他的膝盖可能经常受伤。发生事情后,等宝宝镇定下来,妈咪取出急救药箱。首先按照之前讲述的咬伤的处理方法来做,记得检查伤口处有无小沙砾或者其他脏东西,用流水冲洗。千万不可用棉花擦拭擦伤处,因为伤口可能会沾上棉絮。如果伤情严重,带宝宝去医生处医治。之后可以给宝宝1瓶药用果汁和1块饼干,然后让他又去爬树吧。

> 诺兰金科玉律
>
> 千万别让宝宝在跑的时候嘴里还含着棒棒糖,如果宝宝跌倒的话,棒棒糖可能会让宝宝噎着。

头部受伤

如果发现宝宝头部受伤,您必须十分小心处理。要做的第一件事就是让宝宝坐下来,问他是怎么回事,并将冰敷布放在肿块处。检查宝宝头部有没有伤口,有的话用相应的方法处理。如果宝宝看起来很迷茫,自己不知道怎么回事,那么观察他5分钟,倘若状况没有任何好转,马上咨询医生。如果您发现宝宝时,他已经失去意识,或者他的小伙伴告诉您他刚刚摔倒了,您必须带他马上看医生。医生会告诉您宝宝是否有脑震荡,以及如何监测宝宝的情况。

流鼻血

宝宝如果流鼻血,让他身体前倾,这样鼻血不会滴到衣服上,最好是能在地上放一个碗或者小盆子。切忌让他后倾,因为这样会导致鼻血流入喉咙而引起呕吐或者噎着宝宝。用大拇指和食指捏住宝宝的鼻孔,让宝宝用嘴呼吸。这样持续10分钟以形成血块。同时安抚您的宝宝,让他不要慌张。等到血完全止住以后再问宝宝问题。比如问他这是怎么回事,为什么会流鼻血。如果20分钟后血还没止住,并且一直在流,带上一些毛巾擦血并带宝宝看医生。

让宝宝不要抠鼻子,这样鼻孔里的疤才会趁这段时间自愈。

小碎片

要将刺入宝宝手指的小碎片或小刺拔出,需要消毒镊子。可将镊子放到火柴的火焰上或放入沸水中几秒钟来消毒。用湿毛巾或者肥皂水清洗宝宝的伤口,在拔之前告知宝宝您要做什么,然后将镊子尽量靠近宝宝皮肤,按照碎片刺入的角度将其拔出。用力挤压宝宝的手,让伤口渗出几滴血,确保皮肤下面的脏东西都跑出来。用药膏敷在宝宝患处。谨记一点,有些宝宝对药膏过敏,使用之前务必弄清情况。

扭 伤

扭伤会伤及宝宝的软组织、肌肉和肌腱。宝宝身体灵活,发生扭伤的几率较小。不过,倘若您发现宝宝某关节疼痛、肿胀并有淤伤,那么您就得注意他是否扭伤了。处理扭伤的方法很简单,用英文字母概括起来就是RICE:

Rest:休息

Ice:冰敷

Compression:按压

Elevation:抬高

如有必要,用坚固的绷带将关节支撑住,直至痊愈。

若发生更严重的事故

我们当然希望这样的事情永远都不发生。但是常言道有备无患。如果宝宝玩得太野,或者妈咪没留神宝宝和他玩耍的球,宝宝发生事故,身为妈咪的您要知道应当怎么办。

骨 折

骨折有两种:绿枝性骨折和有创骨折。在 X 光照下,绿枝性骨折看起来就像折断的树枝。骨部分弯曲,在弯曲处的凸面呈裂开状。若是有创骨折,骨头完全折成两段。因为宝宝骨骼灵活,因此常见的情况是第一种绿枝性骨折。无论是哪种情况,您都要先安抚宝宝,让他镇定,并保持患处静止不动。送宝宝去医院时他可能会很害怕,这时您应当多给他宽慰。不要给宝宝任何吃的或喝的东西,因为手术时医生可能会使用麻醉剂。

最糟的情况是骨折部分刺穿了皮肤,这时用非纤维质地的布条盖住伤口,按压伤口周围止血。千万不要按到骨头。宝宝可能已经吓着了,最好让他平躺下来。在宝宝一边流血一边感觉疼痛的情形下,您自己一人将他送去医院急诊室可能不太现实,这时若能找到一位邻居或朋友帮忙是最好的;若是找不到他人帮忙,您就一边拨打急救电话,一边安慰宝宝直至救护车来。

如果玩得太猛烈,宝宝有可能不小心折断肋骨。您抱他起来或者怀抱着他时,宝宝可能表现出疼痛的表情,甚至每次呼吸他都觉得疼。如果宝宝渐渐不那么爱玩,甚至不愿意去玩,也不要人拥抱时,最好带他去医生那里检查一下。

烧伤与烫伤

如果是轻微烧伤,先将宝宝烧伤处的衣物拨开,用冷水冲洗患处

10 分钟,给皮肤降温。用消毒纱布或非纤维质地的垫子和绷带覆盖住,但不要缠绕得太紧,松散一点有助于空气在患处的流动,加速伤口的治愈。烧伤处可能会起水泡,但不要弄破水泡,因为它是机体自身的自愈功能。如果水泡不小心破了,可用干净纱布覆盖。

严重的烧伤或烫伤需要医治。先拨打急救电话,然后将患处置于冷水下冲洗。务必不要把患处的衣物拨开,因为严重的烧伤或烫伤,可能已使衣物粘在皮肤上。冲洗 20 分钟后,用一层食品薄膜包裹伤处。这样做是为了防止脏东西进入皮肤,引起感染。如果是脸部烧伤,用干净的非纤维质地布条覆盖。在等待救护车的时间,尽量多给宝宝安慰。黄油或其他任何形式的油脂都不能涂抹于患处。

溺　水

溺水是指沉入水中后不断喝水的情况,溺水可能发生在浴室、池塘、水池或者其他地表水源。先将宝宝救起,带他去一片干地,让宝宝头部下垂,以免更多的水或呕吐物吸入肺部。如果宝宝失去知觉或者停止呼吸,按照前面介绍的复苏术,给宝宝做心肺复苏,并叫救护车。

触　电

触电发生的几率较小,尤其是所有插座、插孔都盖起来的情况下。不过当不幸真的发生时,首先您要确定靠近宝宝是否安全,关掉电源总闸,或者用木质的笤帚或椅子(任何不导电的物体都行)将宝宝与电源分离。您应当用书垫着脚,以免导电。一旦切掉电源,检查宝宝是否还有呼吸,以及身上是否有烧伤。首先要做的是给宝宝做心肺复苏,拨打急救电话之后,处理宝宝烧伤处,记得使用冷水冲洗,再用干净的不会掉毛的布条包住伤口。

低　温

这听起来好像有点不可思议,仿佛在您的家里不可能发生一样。但是宝宝不像成人,可以控制自己的体温,寒凉有时就像不速之客一样,突然来到宝宝身边。即便宝宝双颊粉粉的,但是如果他的皮肤摸起来很凉,精神不振,不爱说话也不想吃饭,那么他可能就是太冷了,并且很有可能演变为低温。这时您得立即给医生打电话。在等待医生的同时,将宝宝带到家里最温暖的房间,给宝宝戴一顶帽子,并用毛毯包裹他的身体。您能给的也就只有抱着他,用体温来慢慢温暖他了。

大一点的宝宝可能会告诉您他冷不冷,但是如果他们沉浸在玩耍当中,即便是猛打寒战,他也不知道自己有多冷。太长时间游泳或者在寒风中玩耍是导致宝宝低温的主要原因。他们玩得太尽兴,根本忘了要进屋里去避寒或者多穿一件衣服。添衣服或者给宝宝一杯热饮,就能够帮助宝宝温暖起来。但是,低温可能瞬间就袭击您的宝宝。如果您看到宝宝皮肤苍白、嘴唇边缘青紫、冷战,甚至有一点迷糊,您就得叫医生来了。在等待医生的时候,给他添衣、戴帽,并且带宝宝一起躺在床上,盖上羽绒被。

中　毒

最常见的宝宝中毒现象,就是吃了不该吃的东西。而这些东西往往是您没有藏好的有毒物质。最佳的预防方法就是让宝宝拿不到那些东西。万一不幸真的发生,宝宝吃了家里一些化学药品或者抓了一把药片吞下去,吃后有迷糊、呕吐、呼吸异常等现象,立即拨打急救电话。不要给宝宝任何水或食物,并且尽量弄清宝宝中毒的情况,这点对医生会有帮助:

- 宝宝吃过什么
- 何时吃的

■吃的量有多少

尽量向医生提供宝宝精确的体重,医生可能会根据这些情况,决定采用什么治疗方式。

虫类侵扰

您也许会想,谈及"拜访"一词,肯定是指您和宝宝拜访某人,殊不知您家的小不点儿也会有访客到来。宝宝自身有一层防护外套,那就是他的皮肤。但是他的这层防护层也会遭到外界的袭击,比如蠕虫、皮肤病、爬虫等。预防的方法是:保持宝宝皮肤的清洁卫生,尤其是皮肤上褶皱、缝隙处。但是宝宝进托儿所或者上学以后,皮肤类疾病的发病率都会有所上升。大多数托儿所和学校都有规定,宝宝患有上述疾病的,必须在疾病完全康复以后才能返校。但是这时已经太迟了,宝宝已经在不知不觉中,将自己的小"访客"与小伙伴们"分享"了。以下是妈咪最常见的宝宝皮肤的敌人,诺兰会教您如何把这不速之客撵走。

小脑袋上的虱子

宝宝头上长虱子可没有什么好大惊小怪的,几乎每个宝宝的头上都有。宝宝在爬行玩耍的过程中,头部可能会发生接触,这时一个小朋友头上的虱子就这样传到了另一个小朋友头上。虱子还会在头上产卵,白灰色菱形的小东西,扎根在头发根部、耳朵后部还有太阳穴周围。如果您发现宝宝不停地抓挠这些地方,或者在宝宝的枕头上,发现细小的黑点(可能是虱子的粪便),那么您就得细细地检查一下宝宝的头部了。

一旦妈咪确定宝宝头上长了虱子(大多数时候,学校可能在您之前就已经发现了,并且给您发了一张通知单告知该情况),这时,您得好好处理一下宝宝的头发了。诺兰的处理方式是用梳子来解决,尽量避免用药。

■ 清洁宝宝头发,可稍微多用些护发素。

■ 拿一把细密的梳子,从宝宝头发根部梳起,慢慢将虱子和虱子的卵梳出来(护发素可让头发变得更顺滑,虱子不容易附着在头发上)。

■ 每梳完一次,用干净的纸巾将梳子清洁干净。

■ 继续给宝宝梳头,并且可将头发分成几部分来梳,保证每个部分都覆盖到。

■ 再给宝宝洗头。

■ 每2~3天重复上述做法一次,连续做两星期。

虱子的叮咬会是宝宝头上发痒的原因,定期检查宝宝的头皮是否被传染了虱子,并经常给宝宝仔细梳头。不仅如此,妈咪和其他家庭成员的头发也要经常检查。长时间受虱子的干扰,会影响宝宝睡眠,导致宝宝精神不振、缺乏活力等不舒服的现象。

> **诺兰金科玉律**
>
> 　　过去,诺兰都是一口气将处理虱子的事情做完。如果您能劝宝宝班级中所有的妈咪,给全班的宝宝们做一次"梳头护理",那就再好不过了。只需几个妈咪,抽出一个下午放学后的时间,就可以给每个宝宝检查和梳头了。

小 虫

侵扰宝宝的小虫有许多种,最常见的是蛲虫、癣菌病、蛔虫。所幸的是这些疾病都不会危及宝宝的生命。不过它们都非善类,一旦发现就得积极处理。

蛲 虫

蛲虫"居住"在宝宝的肠子里。宝宝如果肚里有蛲虫,他的粪便里可能会出现小的白色的物质,或者宝宝肛门周围瘙痒,尤其是晚上睡觉的时候。要赶走蛲虫,最好请医生给全家都治疗一下,因为很可能全家都受到蛲虫的威胁。蛲虫是通过产卵传播。蛲虫先到宝宝指甲下面,吮吸宝宝的手指,之后便开始产卵,周而复始。为了驱逐蛲虫,我们建议妈咪:

■ 不要给宝宝留长指甲。

■ 常给宝宝洗手,尤其是饭前必须洗手。

■ 晚上睡觉前给宝宝洗澡,保证宝宝臀部和肛门的清洁。

■ 晚上给宝宝穿好睡衣,防止宝宝在挠痒时,手部直接接触到臀部或肛门附近。

■ 坚持每次用完坐便器都清洁坐垫,直至宝宝完全治愈。

■ 用吸尘器清洁宝宝的房间,在天气暖和的日子清洗宝宝的床上用品。

■ 对宝宝做的,最好"普及"到每位家庭成员。

蛔虫或弓蛔虫

蛔虫的来源是狗和狐狸,人们可以在它们的粪便中发现蛔虫。这就是为什么宝贝在公园玩耍时,不能够靠近它们的区域。如果不加处理,蛔虫会对宝宝的大脑、眼睛、肺部、肾脏、肌肉产生不良影响。生病的症状表现为:咳嗽、面色苍白、疲倦无生气、喜爱吃一些奇怪的东西,比如煤炭或者土壤。小狗在 6 个月以后才对蛔虫具有免疫力。如果您家里新养了一只小狗,那么您得事先给狗狗除虫,因为狗狗身上的一些细菌可能会感染到宝宝身上,因为狗狗经常会舔一些家里的东西,并且跟宝宝都在同一张地毯上玩耍。除了遵循之前提到的处理小虫问题的几大步骤以外,对于受蛔虫侵扰的宝宝,妈咪还应添加以下几步:

- 不要让小狗舔家里的东西。
- 不要让小狗待在宝宝玩耍的沙坑里。
- 不要让小狗在公共场所大小便。

癣菌病

癣菌病是由真菌引起的疾病,多见于宝宝的脸部和头皮。长在头皮的癣,呈现薄片状;如果是长在脸上,呈现微红的椭圆或圆形,周边发炎红肿,并且发痒。动物也会感染癣菌病,并且很可能传染给您的宝宝。除了遵循之前提到的处理小虫问题的几大步骤以外,对于患上癣菌病的宝宝,妈咪还应添加以下几步:

- 不与别的宝宝换帽子戴。
- 不共用梳子。
- 不与别的宝宝换衣服穿。

此外,可以请兽医检查一下您家的宠物有没有癣菌病。

疣及其他

疣

疣是长在皮肤上的小的良性赘生物,通过跟其他受感染的人接触而传播。疣非常不悦目,而且患病之人会感觉疼痛。宝宝长疣的话,妈咪应当咨询药剂师进行治疗。

诺兰金科玉律

　　每天用苹果醋在宝宝长疣处涂抹 3 次。大约两周后疣便会消失了。这种做法比用药要好一些。

跖　疣

　　跖疣是发生在足底部的寻常疣,通常在运动场所的更衣室里染上。跖疣一般长在足底,呈小黑点状。跖疣不断长大且足底每天受力,宝宝会感到疼痛感。妈咪可到药店买些治疗跖疣的成药,宝宝不穿鞋时,应穿上塑料袜子,直至感染完全康复。

足　癣

　　足癣是指发生在趾掌面的真菌性皮肤病,它特别喜爱汗脚丫,不爱动、长期坐着的宝宝更易受感染。其症状为:瘙痒、皮肤开裂、有疼痛感、表皮脱落。治疗方法是:先给宝宝洗脚,等创面收敛干燥再用足癣药,并让脚部保持通风。袜子应选用棉袜,鞋子应为皮鞋或帆布鞋。如果宝宝汗脚严重,最好给他穿拖鞋。让宝宝的脚部多通风,这样大约一至两周后就会痊愈。如果宝宝曾经患过足癣,最好留心他的脚,不要让真菌再次侵扰他。

防　晒

　　我们认为下面的方法便是最好的防晒招数:

■ 穿好 T 恤

- 戴上帽子
- 涂抹防晒霜

一天中阳光杀伤力最大的时段,是上午 11 点至下午 3 点。这个时段内,不要让小宝宝待在室外。如果是开始走路的宝宝或者更大一点的宝宝,务必帮他们遮盖好或者让他们待在阴凉处。

肩膀、脸部、脖子后面、耳朵尖是最容易晒伤的部位,因此多给宝宝涂抹一点防晒指数较高的防晒霜,并且尽量待在阴凉处,直到下午晚些时候太阳没那么毒辣时再出来玩耍。

只要是有太阳的日子,最好让宝贝戴上一顶遮阳帽。小宝宝的遮阳帽一般都有一根绳子系在下巴处,帮助固定帽子;大一点的宝宝的遮阳帽上最好能有护颈,就像美国军团士兵的帽子那样。带宝宝度假时可以给他戴一副太阳眼镜,保护宝宝的眼睛免受太阳强光的刺激。在水边玩耍的时候尤其要注意,水面反射的太阳光往往易被妈咪忽视。如果宝宝要游泳,给他涂上防水型的防晒霜。您也可以买轻的潜水服或者防晒背心给宝宝穿上,这些东西都具有防晒作用,可以给宝宝从颈部到膝盖的全方位保护。

早上涂抹的防晒霜不可能一整天都起作用,所以记得中午的树荫散去以后,一直在外面的您得再涂抹一层防晒霜。

晒 伤

晒伤后皮肤会感觉疼痛。其实晒伤完全是可以避免的。但是如果宝宝不幸晒伤了,马上将宝宝带进室内,让他凉爽下来,用非纤维质地的布条在晒伤处涂抹炉甘石液。千万不可用脱脂棉,因为棉花会粘到晒伤的地方。多给宝宝喝水以补充他流失的水分。另外,如果非常疼痛的话,他可能还需要止痛药。一旦晒伤,妈咪必须确保宝宝不再暴露在阳光下,直到宝宝完全康复。

中　暑

中暑是由于宝宝长时间暴露在阳光下造成的。其症状为：发烧、没胃口、无精神、感觉不适。这时您可以多给宝宝饮水，并给医生打电话寻求帮助。

诺兰希望您家里的宝宝不会经历上述的疾病和伤害。不过现在您已经学到了我们的高招，这些方法又都是常识性的医疗手段，您的宝宝一定会健康快乐地成长。他会永远充满生命力和活力，在快乐玩耍中茁壮成长。

第六章　诺兰必读之玩耍时光

玩耍对于宝宝的身体、感知、智力的发展都十分重要。正是玩耍让宝宝理解了他周围的世界；正是玩耍促进了宝宝想象力、合作精神、分享精神、创造力的发展（这些能力和精神都是他长大以后所需要的）。已然长大的我们常常忘记了怎样玩耍，即便是最喜爱娱乐的家长，也需要一些关于游戏和活动的建议。本章将给您和宝宝一点灵感，帮助你们更好地在室内和室外玩耍。不仅如此，我们还会教您如何布置游戏室、避开电视的影响，告诉您一些富于想象力又有趣味性的游戏和消遣方式，供您和宝宝玩上几小时哦。

玩耍空间和玩具

妈咪可以在家里布置一个玩耍空间。这个空间可以是一个空房子改造成的游戏间，也可以是宝宝自己的卧室。宝贝可以随意地在这里放上自己的小玩具，这样他能感到这就是他自己的小小空间啦。如果家里空间有限，也可以将某个房间的一角划分出来，充当宝贝的玩耍间，让宝宝放上自己喜爱的玩偶。

不少妈咪喜欢在宝宝的玩耍空间里堆放许许多多的玩具，但是我们建议玩具不宜太多，简单就好。如果玩具选择得当，宝宝也能从中获益呢。有益的玩具可以促进宝宝的运动技能以及解决问题能力的发展;还能帮助宝宝提升空间感;促进宝宝对颜色、形状、数字、字母的敏感度。因此,妈咪们,请慎选玩具哦!

我们生存在一个科技日新月异的时代,不过小宝宝们对于玩具和游戏的热爱却始终如一。他们还是跟我们小时候一样,喜爱搭积木、走迷宫、开玩具火车,还有给图书填色。5 岁以下的宝宝不喜欢电脑游戏或者听 MP3,当然,若是您引导他这样做又是另一回事了。木质的玩具是一个不错的选择,因为它们非常耐用。当您的宝宝不再需要时,还可以送给他的弟弟妹妹或者您的亲戚朋友的小宝宝们。其实宝宝对于自己的玩具是否是市面上的最新款,并不十分在意,相反,大多数心理学家认为,是家长喜欢给宝宝买昂贵奢侈的玩具,因为他们希望自己的宝宝能拥有别家宝宝都有的东西。但是,各位家长千万不要因为这层压力而乱买玩具。一辆昂贵的玩具自行车,也许可以让爸爸您拥有自己是职业赛车手的错觉,但是除此之外,它对您的孩子并无任何帮助,只会让他渴望更贵更大的玩具而已。

选择玩具时应考虑宝宝的年纪。给宝宝买的玩具不可有粗糙的边缘、片状物、有毒涂料,也不可以有绳子之类的东西,以免缠住宝宝的小手指或者让宝宝窒息。我们建议家长每周清洗或者擦拭宝宝的玩具,如果宝宝或者他的小伙伴在咳嗽或者患有感冒,则更应该常常清洁。清洗的时候,可以使用温热的肥皂水。无论您想要给宝宝购买什么玩具,都首先要保证玩具的安全性。

检查玩具是否安全:

■ 检查玩具是否贴有安全标准商标。

■ 检查玩具的适用年龄。法律规定,如果该玩具不适合 3 岁以下宝宝玩耍,厂商应在玩具上标明。

■ 检查玩具是否有尖锐的边缘,是否由许多小部分组成,因为那样宝宝有噎着的危险。

玩 伴

学会如何交朋友是玩耍的重要方面。当宝宝还是小婴儿时,他一般只会自己玩自己的,很少注意别的宝宝。等到 4 岁以后,他才开始与别的宝宝一块儿玩耍。如果您能让宝宝从小就习惯与别的小孩一起玩耍,或者至少在别的宝宝旁边玩耍,那可是一件很好的事情。即便宝宝忽略别的小朋友也没关系。如果您不喜欢参加当地的"妈妈宝宝团",尝试带宝宝去音乐课、游泳等,这些活动都能帮助宝宝结交同龄人。到幼儿园上一两节课也是认识新朋友的好方法。这也许就成为宝宝与家庭成员以外的人的第一次接触哦。现在让宝宝学会与人相处,有助于他日后适应幼儿园和学校的环境。

玩耍时间

我们通常会给宝宝制订玩耍时间。早晨宝宝注意力比较集中,一般让他多做思考类和学习类活动。耗费体力的活动与游戏通常安排在下午,宝宝需要流点汗水,而且这个时段他的注意力也不易集中。

此外,家长应当让宝宝有自己玩耍的时间。一些父母把宝宝的时间安排得满满当当,比如远足、运动、上课等,这样一来宝宝可就没有自我支配的时间。安静地玩耍或者"自由玩耍",对宝宝的情感发展十分重要。但是这并不意味着任由您的宝宝呆坐在电视机或电脑面前。自由玩耍,是指家长不为宝宝安排玩耍项目,而让他自由玩乐,比如画画、拼玩具、玩玩偶等。如果妈咪把宝宝的时间占得满满的,那么您将遇到一个大问题:宝宝会面临一个瓶颈,他会发现要让自己更加快乐变得异常困难起来。因此,如果您过多地占用宝宝时间,那么您实际上是搬起石头砸自己的脚哟。可能宝宝的抱怨将会不绝于耳:"妈咪,我觉得这很无聊!"因此,每天做适量安排就可以啦,您得给孩子留一些自由活动的时间。

怎么保证宝宝能自由活动呢?妈咪可以不用一直参与宝宝的游戏或活动,让宝宝自己玩耍,有助于帮助他集中注意力和发展想象力。诺兰学院支持蒙台梭利学校的创办者——医师玛利亚·蒙台梭利的方法。在蒙台梭利学校,宝宝们可以尽情玩耍,家长不能打断他们,也不能让他们从一个活动转移到另一个活动。人们已经证实,这种抚养宝贝的方式,可以帮助他们更好地集中精力。所以,宝宝在玩耍时,您不要去打断他;如果您想加入进去,那就得表现出对游戏的浓厚兴趣,但不要让宝宝分心。妈咪可以问一些与他的游戏有关的问题,比如:泰迪熊喝了多少水呢?你的火车开往哪里呢?记得在宝宝做完游戏后,与他讨论一下刚才的游戏。他们一般喜欢跟自己有着同样理解方式的家长哦。

让不让宝宝看电视?

对很多家长来说,获取安静时光的办法,就是让宝宝坐在电视机前看电视。宝宝每天应该看多久电视,一直是保姆和家长们讨论的焦点。研究表明,看过多电视不利于宝宝的茁壮成长,诺兰非常赞同这一观点。许多家长错将电视当作宝宝的"保姆",因为把他放在电视机前就能让他安安静静的了。但是随着宝宝长大,这种做法会给您和宝宝都带来不利影响。孩子只喜欢慵懒地坐在电视前,他会丧失自己玩耍的习惯,丧失运用想象力的能力,不做体育运动,也不结交朋友。尽管电视已经普及,但是诺兰建议在宝宝还小的情况下,不要让他看电视。美国儿科学院的有关研究表明:小孩看的电视越多,他们上学时就越难集中注意力。

但是,我们也得实际点。如果你真的想利用电视机来换取安静,最好是用 DVD，这样，你可以控制宝宝观看的内容和时间。

甜与辣，还有一切美好的东西……

无论妈咪们喜欢与否，男宝宝和女宝宝玩耍的方式是不同的。但是这并不能成为我们墨守成规的借口。您可以与儿子一道做饭，或是教女儿如何使用扳手。身为妈咪的你需要让宝宝知道男孩与女孩存在性别差异，但是一切又都是可以变通的，男孩子也可以做女生能做的事，反之亦然。这样一来，宝宝的活动就不会因为他是男孩或是女孩而被固定在一个框架里了。宝宝很小的时候，您可以让他玩任何喜爱的玩具。如果您既有女儿又有儿子就更容易了。宝宝可以玩男生的玩具，也可以玩女生的玩具。认清男女之间的差别，是宝宝成长过程中一个自然的过程。

请爹地和妈咪一起玩耍

无论是父母还是其他照顾宝宝的人，通常都需要处理很多家庭内外的事情。每一天的光阴都在您忙碌的身影中荏苒而逝。不过，妈咪们还是要保证每天空出一点时间与自己的宝贝玩耍一番。大多数的儿童专家都会建议您每天跟宝宝一起游戏、玩耍或是看书，这些都是您跟宝宝之间的珍贵时刻，也是您能为宝宝做得最好的事之一。这样宝宝才会觉得您很重视他，并且十分享受与他在一起的时光。与宝宝在蹦床上的每一次弹跳，在泰迪熊野餐会上喝的每一杯下午茶，还有与宝宝拼纸质机器人时，度过的每一小时，您都在帮助宝宝成长为一个快乐且能很好适应社会的孩子。

许多父母并不知道如何与自己的宝贝一起玩耍，这点也许让您很惊讶吧。这可能能够解释为什么有的父母最后只能以买很多玩具的方式来弥补自己的孩子。请爹地妈咪记住，有的时候宝宝只是单纯地想跟您玩儿。宝宝喜欢"按规矩出牌"，如果每天早上妈咪在上班前都能跟他一起读读书，周六早上爹地会陪他一起玩耍，那么为人父母的你们，也是在为创造家庭时光出一份力。跟宝贝一起的时候，不要让任何事分您的心，电话的响声无需理会，需处理的事物放到宝宝睡觉以后，现在可是你们一家的亲子时光。

　　一家人能玩些什么游戏呢？您如何能营造一种积极的家庭氛围，让宝宝能乐在其中，乐得不思电视和电脑呢？下面的建议能让你们的玩耍时间充满乐趣。为方便查阅，诺兰将本章余下的内容分为两大部分："室内时光"与"室外时光"。

室内时光

装扮游戏

　　诺兰最喜爱的室内游戏便是装扮游戏了。爹地妈咪与宝宝们，可以度过无数充满奇思妙想的游戏时光。把各类道具装进变装盒里的时候，发挥想象：旧衣物或者鞋子都可以用，有配饰当然更好。一块黑色的布或者披肩可是吸血鬼斗篷的不二选择哟；祖父的旧帽子和夹克，就能变出一套小丑的外套；一些便宜的亮晶晶的珠宝，便成了海盗劫回的宝物或者公主的配饰。宝贝变装时，您要不断给予赞美和鼓励，只要宝宝还未满 5 岁，您的变装盒很快就会成为他的最爱。

变装盒必备品：
- 假的宝石
- 手袋
- 手镯

- 旧帽子
- 海盗帽、巫女帽、仙子翅膀（这些都能在玩具店买到）
- 旧衣物
- 太阳眼镜
- 一些旧物，最好是带有图案的；假的皮毛
- 旧鞋子，最好是妈咪穿过的派对的鞋子

妈咪要记住，不要把那些旧东西扔掉。即便您认为宝宝已经过了爱玩装扮游戏的年龄，留住这些东西，说不定将来会有用武之地呢，比如各种化装舞会、万圣节或者学校的其他活动。如果您能留着这些东西，那么将来您就能够为孩子做出一套仙子服或者海盗服。

如何做海盗服

诺兰一般都偏爱自己为宝贝做衣服，而不是去外面购买。如果您有缝纫的天赋那当然好，不过这也不是必需的。妈咪最好早早地开始计划如何缝制这套衣服，并且让宝贝也参与创作。也许正逢下雨，您和宝宝可以趁做新装的机会，享受室内的时光。下面诺兰就向您介绍一种快速简单的方法，让您的宝贝立马变身为小小黑胡子海盗。

随意将旧牛仔裤（黑色或红色）膝盖以下的部分剪掉，加上 1 件条纹 T 恤衫，或者是在纯色体恤上画一个骷髅头和交叉腿骨的形状。若是大一点的宝宝，您可以上网或者翻书寻找合适的设计，这样您和宝宝还可以就服装的设计讨论一番呢。孩子可能会想要自己画一幅海盗图、海盗旗或者其他设计。海盗的眼罩可以用一片黑色的纸板或毛毡与松紧带做成。最后再加 1 条红色围巾当作裹头的丝巾。现在您的小海盗就装扮完毕啦，可以扬帆远行，到金银岛探险去了。

我们来假扮……

假扮人物游戏,可不仅仅是穿上特制的服装,扮成公主或海盗。小宝宝可能还喜欢再次扮演他们所经历过的真实事情。假扮去购物或者去邮局寄信的游戏,可以让宝宝玩上几个小时呢。角色扮演的潜力无限大,您可以根据宝宝的好恶来玩游戏。您可以建一个火车站(尤其是您有玩具火车的话),或者茶馆、咖啡厅、鞋店、兽医院(里面有许多可爱的玩偶小动物),或者是理发店(只梳头和做造型)。这些游戏能让您和宝贝玩上几个小时。下面诺兰就教您一些简单的日常角色扮演游戏。

转角小商店

用旧的硬纸板盒或燕麦包装盒、纸板箱做一个小商店。您和宝宝分别扮演商店老板和顾客。准备一个篮子或购物袋来装买回的"商品"。妈咪还可以给每样货品贴上价格标签,这样能够帮助宝宝认识数字和钞票。您可以使用玩具纸币,叫宝宝算一算买东西要花多少钱,或者要给顾客找零多少。

建筑师游戏

准备 1 支笔和 1 张纸,用来设计房子;此外还有安全帽、卷尺、玩具电话或用旧的电话、积木。跟宝宝一起讨论您的新家的样式和装潢,然后测量位置,画好设计图,用玩具砖块建造您的房子吧。关于需要的砖块数量和前门的颜色等问题,您得和您的小建筑师多用电话沟通沟通。记得您越投入这个游戏,您得到的欢乐就越多哦。

讲故事

　　人人皆知阅读对于小孩子来说多么重要。从很小开始,宝宝们就特别喜爱听故事和看书了。我们建议您从第一天开始就给宝宝读书、讲故事。如果宝宝在成长的过程中一直浸润在书本的世界里,无论他是听得懂还是听不懂,他都会养成喜爱书的好习惯。如果有宝贝不懂的字或词,您就一带而过吧,仿佛音乐拂过他的耳旁一样。无论宝宝多么年幼,您都要坚持给他读故事,让这变成一种惯例和习惯,在这个过程中,宝宝也会习惯听取大量的词汇。多听故事能帮助宝宝提升语言能力,扩大词汇量。如果宝宝能够很好地进行自我表达,那么他就不容易变得灰心丧气。如果妈咪能在读故事的过程中与宝宝互动,并问宝宝一些故事中的问题,您便能培养孩子谈论所听到的内容的能力。

　　等宝宝长大一些,您可以让宝宝也加入读故事的行列,他可以用各种声音来配合您:当故事中有牛的时候,他可以学小牛的叫声"哞";有狗狗的时候,他可以发出"汪汪"的声音。或者您也可以问他一些问题,比如:为什么杰克和吉尔要上山去呢? 小缇从墙上摔下来之后,他有什么感觉呢? 或者您也可以描绘一个场景,问一下宝宝这幅图画里的情况,例如:看看这些企鹅宝宝,你觉得企鹅宝宝们的小脚在雪地里会不会冷呢?

　　诺兰金科玉律

　　　　如果宝宝已经是学步的年龄,可以让他自己给书翻页。因为让宝宝感觉自己在掌控书籍的话,他们往往会表现出更浓厚的兴趣。当您读到一页的最后一句话时,用您的手指指一下最后一句的词汇,这样宝宝就知道该翻页。

　　并非所有的父母都擅长讲故事,不过您可以通过用一些特别的口音、有趣的声音和小道具来把故事讲得有声有色。您的宝宝会觉得您表现得特别好,因此不要担心自己的表演会很糟糕。在学校里,老师会要求宝宝在课堂上大声朗读,因此读书时的表达能力,也是学校教育的一部分。那么在家里您就是他的家教老师,您得确保每一个人物角色用不同的声音表达,而且您的阅读要生动形象。您可以上网下载一些有声读物,它们也许能给你一些灵感。

　　另外一种让故事生动形象的方法,就是加入各种玩偶。如果家里的宝宝还小,妈咪可以采用木偶剧的方式给宝宝讲故事;如果是大一点的宝宝,您还可以给他表演一出戏剧呢。您可以在纸上画出背景墙,如果家里空间足够,您还可以在上空悬挂一床小被单当作帷幕。您可以亲自做一个"故事道具盒",放入您的小道具、布袋木偶,这些都是特定故事能用得上的小东西。讲故事的时候,妈咪也要能充满想象力,不断创新。可以让您的宝贝帮您一起讲故事。您可以为故事创造一个开放式结局;或者跟宝宝讨论一下,如果你在森林里遇到一只大灰狼,或者伪装成王子的青蛙该怎么办呢? 或者宝宝在花园里捡到一个豆荚,该如何处理呢? 讲故事时,您可以加上自己发挥的内容,看看宝宝能不能察觉出自己喜爱的故事有了变化。

> **诺兰金科玉律**
> 　　选择摄影书籍、艺术类书籍、历史书籍,或讲述野生生物的书籍等,只要是有有趣图片的书籍都可以。鼓励宝宝多看看童话故事以外的广阔世界也是很好的。

　　如果妈咪手边还没准备好足够的图片书籍,那么是时候去当地的图书馆逛逛了。许多图书馆都专为儿童开设了儿童故事阅读时间,您得知道具体时间是何时。如果您能尽早带宝宝去图书馆,那么等宝宝长大一点,他便能自己在图书馆内呆上 1～2 个小时来看书。

这也为您创造了一点安静时光哦。如果害怕去图书馆的路上宝贝会觉得闷的话,您可以给自己设定好当天要完成的事情:讲讲恐龙、天气、海生生物或者任何您的宝贝会感兴趣的事物,并且将当天的活动记录到一个剪贴簿或日记本里。

找字母游戏

一旦孩子养成了热爱单词的习惯,并已经开始学习字母,您可以试试 ABC 字母游戏。这个游戏既能在室内玩,也可在室外玩。您和宝宝必须在房间里或花园里四处搜寻一样东西,这样东西的名字的首字母是某个特定的字母。您可以从字母 A 开始,然后 B、C,以此类推。小东西是最好的,因为你们找出来以后,可以把它拿出来放在地板或桌子上。如果宝宝找到了,您还可以给他加点奖励,这样游戏就会更有趣啦。比如:S 开头的东西是糖果(Sweetie),B 开头的东西是小饼干(Biscuit),等游戏结束后,宝宝可以慢慢享用这些美食啦。如果是以 X 和 Z 开头的就很有难度了。您可以准备一把木琴(Xylophone)或者一个玩具斑马(Zebra),若是没有这些东西的话,您可以从书上或电脑上找一些画有这些东西的图片。

这个游戏也适合在画廊或博物馆里玩。让他找一个以 L 开头的动物……您当然知道那指的是狮子(Lion),等宝宝找到狮子,您又说以 M 开头的动物……以此类推。另外一种玩法是,妈咪事先列出 10 样东西让宝宝在画廊里找出来,比如火车、树木、小船,然后让宝贝在画廊的图画上或其他东西上去寻找。这是向孩子介绍艺术和博物馆的极好方法,并能促进宝宝善于观察和发现的能力。

财宝篮

做财宝篮是诺兰最爱与小宝宝一起玩耍的游戏之一。这个游戏成本低廉,各个年龄段的宝宝都喜爱,尤其是刚刚能稳稳地自己坐好的小宝宝。放在篮子里的玩具,都不是新买的玩具。这个游戏的目的,是通过让宝宝触摸(质感、形状、重量),闻味道,听声音和看颜色(长短、光泽度等)来吸引宝宝的兴趣。财宝篮可以培养宝宝自己发现事物的能力。下面就是您需要的东西啦:

"小小宝藏"财宝篮

妈咪需要准备一个平底、浅口的篮子,最好的篮子高度为 12 厘米。篮子的尺寸要合适,以便宝宝坐在旁边,小手可以伸进篮子里拿东西。往篮子里放各式各样的东西,质感、颜色、形状等都各不相同。这样宝宝才可以去辨别。12 个月大的宝宝用的财宝篮应包含以下东西:

- 粗糙和光滑的布料,毛毡和粗麻布是不错的选项哦
- 一块海绵或丝瓜布
- 不带种子的冷杉果
- 指甲刷
- 大的贝壳(贝壳要足够大,防止宝宝吞食)
- 揉成小团的锡纸
- 木汤匙、有手柄的大杯子或高脚杯
- 装有薰衣草的袋子
- 塑料容器,里面装入几颗纽扣(这样可以制造响声)
- 眼睛、耳朵、鼻子、嘴巴的图片或者家庭成员的图片
- 串在短绳上的棉花卷轴或软木
- 衣服挂钩
- 镜子(采用塑料镜子,以保证宝宝的安全)
- 羊毛球

财宝篮里可以装任何孩子在触摸和感受的时候,能感到有趣的东西,只要是您在家中找得到的物品便行(不过不能是玩具哦)。妈

咪还得保证每样东西都对宝宝没有安全威胁。很小的或是尖锐的东西是万万不可放入财宝篮的,塑料制品也尽量避免。宝宝在玩耍时,妈咪也不能闲着,一定要时刻注意宝宝的安全。每次尽量给宝宝找一些新鲜的玩意儿,宝宝在有新发现的时候,都会很开心。财宝篮游戏能帮助宝宝提高探索新事物、集中注意力的能力,也是宝宝自己做决定的开端。

> 诺兰金科玉律
>
> 宝宝玩这个游戏时,让他坐在篮子外的一边,宝宝可以从篮子里拿出需要的东西,然后将其放在自己对面的地板上。如果宝宝直接面对篮子而坐,他就没法拿到篮子里的每一样东西,还有可能掉进篮子里。

如果是两个宝宝一起玩游戏,您得让他们学会分享。宝宝 4 岁大的时候,很自然就会跟别的宝宝一起玩耍,分享东西了。不过当他们还很小的时候,您就得教教他们啦。

> 诺兰金科玉律
>
> 能教会孩子分享的一个游戏便是:传递与谢谢游戏。让宝宝从篮子里拿出一件东西,然后把它传递给他的小伙伴,小伙伴又传回给宝宝。

宝宝不断成长的过程中,妈咪可以用财宝篮创造一些新的游戏方式。下面就介绍一些利用财宝篮里的东西来玩的感知类游戏。

"魔镜"游戏

您需要:一面镜子(塑料镜子而非玻璃镜子以保障宝宝的安全)

您要做的是:跟宝宝一起席地而坐,并且保证你和宝宝都在墙上的镜中有自己的影像。

这个游戏特别适合小一点的宝宝。您先提一个问题,然后用行动、姿势和语言来回答。例如,您可以问:"宝宝的小嘴在哪里呀?""啊,宝宝的小嘴在这里呀!"一边回答一边用一只手指着镜子里宝宝的小嘴,用另一只手指着自己的嘴巴。同样地,您还可以问:"妈咪的鼻子在哪里呢? 呀,在这里!"类似的问题与回答还有很多:"妈咪开心吗?"(问问题的同时您做出微笑的表情)"对呀! 妈咪和宝贝都开心。""妈咪和宝宝都很可笑吗?(做个鬼脸)"小宝宝们可喜欢这个游戏啦,而且这个游戏可以帮助宝宝学习新词,提高他的自我意识。时不时地跟宝贝玩一下这个游戏吧! 漫长的火车旅途或者是手术前等候的时光,都可以用这个游戏来消磨时间,您所需要做的就只是在手袋里装一面镜子而已。

"猜猜袋子里有什么"游戏

您需要:一个枕套、一些玩具,还有财宝篮里的东西,比如冷杉果和棉花卷轴。

您要做的是:往枕套里放 10 件东西。这些东西必须是宝宝比较熟悉的,比如可爱的玩具、玩具建筑砖头、球类、冷杉果、吸管。让宝宝摸摸袋子里的东西,然后让他猜猜袋子里有什么。宝贝能猜出袋子里的东西吗? 摸起来感觉怎么样呢? 是软软的,还是硬硬的呢? 这个小游戏可以激发他对事物的感受力和记忆力。

艺术类游戏

创造力是人之所以为人的一个重要因素。除了人类,没有哪一种哺乳动物能够像人一样可以创造出语言等方式来表达自己的想法与感受。人的这种创造才能会很早显现。孩子们喜爱创造性的游戏,比如搭建 1 所大学或 1 所小房子。给宝宝 1 张纸板、1 盒颜料、胶水、纸和彩笔,有了这些东西,您就可以激发孩子的想象力了。宝宝学习握笔和使用其他工具的过程,其实也是开发他运动能力的过程。

我们时刻准备着带孩子做艺术类游戏,通常我们都备有 1 个"雨天魔盒",里面全是做手工的材料。用这些材料宝宝可以做搭建大学、制作木偶、绘制图片等各种创造性的游戏。不仅如此,小盒子里还有能帮助宝贝学习自己绑鞋带或者数硬币的东西。这盒子就像潘多拉的魔盒一样,充满神奇的力量,十分有用呢。有了它,您带宝宝做手工艺品的时候,就不愁找不到胶水、颜料、胶布等了,宝宝可以立即开工哦。

用"雨天魔盒"您和您家的宝贝可以做些什么呢?

信封木偶

您需要:信封(信封要足够大,能够容纳您的手,最好是 A5 大小的白色或棕色信封)、胶棒、纽扣、金色发辫、银色金属薄片、亮片、固定纸张用的别针、清管器、棉絮。

您要做的是:用信封做底(完成整个木偶以后,您得将信封套在手上)。您和宝宝可以做任何你们喜爱的人物。用棉絮做头发,纽扣当眼睛,薄纸片或毛毡做嘴巴和衣服。如果要做机器人的话,您可以选择银色的纸张;如果是小动物,您可以用毛毡笔尖或颜料画出来。

袜子木偶

我们的袜子穿到最后可能都是奇形怪状的了,用它们来做木偶可是上佳选择。如果您是注重实际的人,您可以把其他配件都缝到袜子上,不过用胶水也是可以的。

您需要:1 只长长的袜子、胶水、毛毡笔、硬纸板、纽扣、棉絮,"雨天魔盒"里任何有用的东西都可以。

您要做的是:用袜子做好后的木偶,套在您的手上,袜子的脚后跟位置套在您的指关节处。在动工之前,您可以先把袜子套在手上试试看,这样可以帮助你确定木偶的眼睛、鼻子、嘴巴等该分别放在袜子的哪个部分。在袜子脚后跟下面的位子缝上两颗纽扣,当作木偶的眼睛。剪下 10 厘米长的棉絮,将棉絮粘在或缝在眼睛上方。剪下一个红红的舌头缝到袜子脚趾的部分。完成以后将袜子套在手上,将袜子脚趾的部分塞入手掌当中并做出嘴巴的样子。

吸管项链

您需要:几根直径较大的纸质吸管、一根细绳。

您要做的是:将吸管剪成小段,每段 3 厘米。将剪好的吸管放在托盘里。在细绳的末端打一个结,让宝宝把吸管段穿入细绳当中。另外一种方式是先将吸管段涂成各种颜色:红色、蓝色、黄色等,然后让宝宝将吸管段以某种样式穿入绳子中。如果宝宝还小,他可能会随意将吸管段串起来,不过等宝宝大一些的时候,您可以鼓励他按照红、黄、蓝,红、黄、蓝,这样的顺序来串吸管段。这个游戏可以促进宝宝的协调能力和运动能力。大功告成的时候,一串项链就会出现在你们的面前啦。不过由于项链上有细绳,您得时刻留心宝宝的安全。

大盒子

记得在家中留一些大的纸盒子。一般选用装电脑或洗衣机的那类盒子。有了大盒子,你和宝宝能做的东西可就多了。将几个大盒子组合在一起做成一辆火车的雏形,然后用纸盘做轮子,卷纸做烟囱,一个完美的火车就完成了!不仅如此,只需小小的装饰,这些纸盒也可以瞬间变身为一架飞机或者一艘油轮。车库、洋娃娃的房子、火箭、机器人、驯马场也都不在话下,只要用几个纸盒、管子、还有你们的想象力就行啦。

捏面团游戏

这个游戏可是所有忙碌妈咪的救星。要是您的宝宝大约是 18 个月大,那么这个用面团捏出各式形状的游戏,就可以让一个雨天的下午一晃而过。以下就是诺兰的"面团食谱"啦(这食谱可是久经考验哦)。

您需要:

1 杯面粉

半杯食盐

1 杯水与色素(食用色素或者食用颜料)

1 大汤匙的食用油

两大汤匙的发酵粉

您要做的是:将原料稍稍加温,并加以搅拌,直到原料变成一个柔软的球形。将面团晾凉,装入塑料密封盒子,并储存到冰箱中。

面粉工厂

玉米粉也是捏面团游戏的好原料呢,这点您可能没想到吧。这可是我们的万能招数,小宝宝和刚刚学步的孩子们,可都是这个游戏的忠实粉丝哦。往玉米粉中加一点点水,将两者和在一起,这样就能得到我们的玉米面团啦,面团可以塑造成各种各样的形状,而且还可以移动呢,就像变魔术一样。妈咪可以把宝宝的衣服都脱去,只留下尿布和小背心,这样宝贝就可以自由活动啦。宝宝一定会喜欢液体的玉米糊糊,涓涓流入他的小手、小脚,还有他的小肚肚的感觉。用塑料板将周围与玩耍的地方隔开,不然会被弄脏哦。玩耍后剩余的东西要清理干净哦。

小小侦探之密函

稍大一点的宝宝一定喜欢跟您玩这个游戏的。

您需要：柠檬汁、画笔、纸张、灯或手电。

您要做的是：将画笔蘸上一些柠檬汁，在纸上写下您想写的信息，然后等"墨汁"风干。等到风干以后，宝贝和您就看不到纸上写的文字了。不过，若将纸张拿起来放在灯前，您猜宝宝会看到什么呢？对啦，就是您刚才写的文字哦。

迷你数学家与超级科学家

宝宝们都喜爱探索事物的奥秘。为了鼓励宝宝的这种探索精神，您可以带他玩一个小游戏。收集一系列有刻度的塑料水壶和碗，让您的宝宝读出水壶或碗中水的量，然后再根据妈咪的要求，往其他容器中倒入特定量的水。记得要向宝宝展示水壶上的"升"或"品脱"刻度在哪里，并让宝宝往水壶里加入定量的水，再倒入别的容器中。

大脚丫

拿出一些纸板或普通纸张，用笔沿着脚的外沿画出脚的轮廓。如果您不怕脏的话，您可以选择用广告颜料将自己的脚印印在一个托盘上。做这个游戏的最佳时间和地点当然是晴天的户外。等您收集到八个脚印的时候（不要忘了让朋友还有狗狗都参与进来哟），用直尺量每个脚丫的尺寸：谁的脚最大？谁的脚最小？谁的脚最宽？谁的脚趾头最大？做完这个游戏，您还可以保留大家的脚印，等明年再来玩这个游戏的时候，您就会看到每个人的成长哦。

3-2-1，起飞！

诺兰最喜爱的一个科学工程，就是制造能一飞冲天的玩具。您可以用家中厨房的一些东西，给宝宝做一个火箭发射器哦。

您需要：纸盘、卷纸筒、（油墨）毡笔、白醋、发酵粉、塑料胶卷的外包装。在这个数码相机的时代，要弄到一个塑料胶片的包装可能有点难，您可以问问隔壁的老邻居有没有（白色小罐子最佳）。

您要做的是：将白纸糊在卷纸筒上，您可以用胶带，或者对小孩子无害的那种胶水。把卷纸筒固定在纸盘的中央。您和宝贝可以用彩条、星星、数字或者名字来装饰卷纸筒和纸盘。发射台就完工啦。您可以登录美国宇航局（NASA）的网站，搜索火箭的图片来获取灵感。将胶卷盒子放在卷纸筒的内部，不过等会儿真正升空的只有盖子而已。发射台和胶卷盒的其他部分都将稳如泰山般地待在地面。现在您和宝贝就一起把发射台带到室外，将火箭燃料加入轰鸣的火箭当中吧（火箭就是胶卷盒哦）。妈咪您就充当发射时的地面控制人员。将胶卷盒放在靠近发射台的位置，暂时不要放进去。往胶卷盒内加入一大勺白醋和半茶匙的发酵粉。现在立马将胶卷盒盖子垂直地放到卷纸筒的正上方。

带宝宝一起站到后面远一点的位置。妈咪和您家的小小科研人员可以一起为发射倒数。小火箭大约会在 10 ~ 15 秒之后腾空。胶卷盒盖子将会起火升入空中，有时大约会腾空 3 米左右。如果小火箭没有反应，再等 1 分钟，如果还是没有动静，妈咪可以走近检查一下，您得先将发射台倒置，以防小火箭喷出时撞着您。因为火箭体积小、酵母粉亦很安全，所以即便火箭向您飞来，它也不会弄伤您。不过您很有可能会吓得跳起来，如果撞着眼睛，可能您会稍有不适的感觉。

做音乐

我们将音乐作为日常生活的一部分：安慰小宝贝的舒缓歌曲、各种童谣，还有逗得宝宝雀跃的欢乐小曲儿。从小开始，宝宝们就喜爱聆听各式音乐，无论是在汽车上、广播响起的时候，还是玩耍的时光，他们都爱音乐。音乐不仅有令心情欢畅的魔力，更能帮助宝宝多方面的发展。诺兰通常这样使用音乐的力量：

- 说与听：从童谣到拍手歌，音乐能帮助宝贝记住歌词，提升听力。
- 感受与情感：音乐是用于激发某种情绪——悲伤或乐观，忧郁或狂乱。身体随着音乐节拍而动，能够帮助宝宝抒发自我。
- 节奏：让宝宝跟着童谣和歌曲拍手，能够帮助宝宝理解节奏和节拍。
- 摆动与锻炼：随着音乐舞动或摆动，能够帮助宝宝燃烧能量哦。

诺兰向您推荐一些能帮助您家的小天才爱上音乐的游戏和活动吧。

音乐探索者

尝试各类音乐风格，从摇滚到巴洛克，不用局限于儿歌和童谣。为了鼓励宝宝多听，多使用想象力，您可以先给宝宝放一曲古典音乐，然后让宝宝描述他所听到的内容。音乐听起来是不是像风过树林一样？像鸟鸣一般？宝贝在听音乐时想象的是什么颜色呢？为什么是这种颜色呢？此外，通过聆听音乐，您也可以提高宝宝对于不同情感的领悟力。您可以向宝宝问一些问题，例如：音乐听起来是快乐还是悲伤呢？忙碌还是慵懒？高亢还是温柔？您可以随着音乐节拍拍手，问宝宝这个音乐是快还是慢。市面上有很多古典音乐的 CD 可以选择,这些音乐在创作之初,就考虑了孩子这个听众群。您可以试试普罗科菲耶夫的《皮特与狼》,或者圣桑的《动物狂欢》。

> **诺兰金科玉律**
> 您可以用音乐在家里或车上营造出各种不同的氛围。当事情一团乱的时候,您还可以用音乐来帮助大家平静下来。

跳舞吧

另外一项有趣的游戏,就是在房间里放上音乐,然后跟宝宝一起随着音乐舞动吧。让身心随着音乐流转,是一件无比畅快的事情,而且还令自己得到了锻炼。这个时候可没有别人的眼光哦,您和宝贝可以尽情地跳起来,肢体多么不协调都没关系。如果想要更有趣的话,您可以跟着音乐做动作。您可以扮成一匹良驹,驰骋在房间里;也可以来一点摇滚,双手在空中弹弹吉他,时不时地跳跃几下!在音乐与舞蹈的世界里,没有什么是不可能的,因此,让您和宝宝的脚丫子尽情撒欢吧!

锅碗瓢盆交响曲

如果想来点"聒噪"的音乐,那您可别忘了家里厨房里摆放的各式"乐器"。拿出锅子、盖子、木勺子,再往塑料容器里加些纽扣或其他珠子,锅子和勺子当鼓,盖子做钹,装有珠子的容器就当沙锤啦。放点音乐或者用一首童谣,比如那首"我是一个音乐人……"。如果您对这首歌不熟悉,您可以上网搜索一些。邻居们就需要用耳塞了,不过,您家的小艺术家一定爱死这个游戏啦。

现场音乐

　　带宝贝领略一下现场音乐的魅力。跟宝贝一起逛街的时候,带他看看街头艺人的表演;带宝宝观看露天音乐会或音乐节。露天音乐会是最适合宝宝的,一旦宝宝听厌了或者饿了,您都可以马上带他回家。如果您的宝宝还是坐在婴儿车里的年龄,最好把婴儿车一并带上,这样宝宝喜欢的时候,就看看表演,累了的时候也可以睡觉。

室外时光

　　我们一向深知呼吸新鲜空气对宝宝的重要性。不过我们所说的室外时光,可不仅仅是指一个像公园、花园或林地等能让宝宝燃烧能量的地方。孩子在室外的玩耍和探索能让他获益良多。还能帮助孩子发展其善于发现的能力。一点点的小冒险亦十分重要,比如爬树、点营火等。记住哦,诺兰是不惧各种坏天气的。我们一直坚持带宝贝外出玩耍,风雨无阻。让水坑里的水飞溅,踢路面的落叶,扔雪球等都是宝宝爱玩的游戏,只需注意孩子的衣服要适合外出玩耍就行。

关闭手机

　　多少次您看到公园里的妈咪们耳朵紧贴手机,而宝宝们却是自己在一边玩耍。在诺兰,我们的保姆们是不允许穿着制服上班时还开着手机的。原因就在于当她们在工作时,宝宝的事情才是最最重要的。所以,妈咪们一定谨记,只要有与宝贝在公园一起度过的时光,您得保证您是在陪着宝宝玩耍,或者看宝宝与小伙伴们嬉戏,这本身亦是一种快乐。如果您还被外界的事分心——跟女性朋友煲电话粥,跟同事发短信说明工作安排等,那么您宝宝的安全就不能得到完全的保障。此外,您的陪伴还有另外一层重要意义。大多数的宝宝们都喜爱在父母跟前展示自己,获得父母的认可。"妈咪,您看我能做这个!"这是妈咪们经常从孩子那里听到的一句话,因为宝贝们想要确定您在看着他们奔跑、游泳、攀爬。

看着宝宝玩耍,您也可以从中学到不少东西。这是一个美妙的体验,也是您放松的大好时机。因此,"时尽其用"吧。您可以观察到宝宝是如何与其他小伙伴打交道的,遇到问题他是怎么处理的,还有玩耍时光让他多么的快乐。专职照料宝宝的人都是经过培训的,在宝宝玩耍时要观察他们。对于父母来说,这样做也是十分有意义,您可以从中观察到孩子的小小成就或者遭遇的种种困难。您的宝宝一定会喜欢你们对他的专注。

尽情地跑

宝贝若是能够在公园里疯跑几圈,他的心情就会更愉悦,吃得好睡得香,整个身体状况也会更佳,肌肉力量也能得到提升。如果您的孩子是很小的小宝宝,您可以带着他来到树荫下,铺上一张席子,脱掉宝宝的尿片,让他在这里欢腾几下,踢踢小腿也是好的。如果是刚刚学步的宝宝,让他跟着妈咪一块儿散步,不要一直坐在婴儿车里。可以带宝宝去游泳,6 周大的宝宝就可以跟着您去啦,因为那时的他已具备一些免疫力了。体育方面的锻炼能够帮助宝宝增强协调能力,比如手眼的配合,培养孩子的自尊和独立能力。到室外玩耍也能帮助宝宝意识到什么是冒险,所以,让宝宝爬爬树,玩一玩捉迷藏这类的游戏吧。

红绿灯游戏

红绿灯游戏是一种叫音乐规律游戏的变体。如果您在公园里遇到其他带小孩来玩的家庭,这个游戏可是个好选择哦。找一块空地,向宝宝解释各种颜色代表的意思：红色代表停，黄色代表准备，绿色代表通行。大家都假装在路上开车，可以是汽车、公交车，也可是骑着自行车或摩托车。记得要做出开车的动作，并发出车子的声音。当您宣布是绿灯时，所有的车都要轰鸣；宣布是黄灯时，所有车子都要减速；宣布是红灯时，每个司机都得停车，这时大家都要纹丝不动哦。然后您可以重复玩耍，想怎么玩都可以。如果是大一点的宝宝，您可以适当调整游戏规则。宝宝若是在红灯时没有停下来的话，下一次绿灯的时候，他就只能待在警察局。只能等到下一个人因为闯红灯或者超速行驶被捕，宝宝才能被释放哦。

泰迪熊的野餐

这可是小宝宝们在花园或公园玩耍时的最爱。挑选几个宝宝喜爱的泰迪熊，找几个朋友一道把泰迪熊的野餐准备好。一、二、三："如果你今天来到森林里的话，我保证有惊喜哦……"。

诺兰金科玉律
用便宜的陶器来盛野餐，不要选择塑料儿童套装。这样做能让宝宝更有责任心，更加爱护家里的瓷器。

大自然的探险家

小探险者喜爱到丛林、沙漠和未知地带探索。只要一点想象力，您家的花园或当地的公园，就成了南极地带或者亚马孙丛林。给宝贝带上探险者的全套着装：遮阳帽、帆布包、短裤和步行靴。给小探险者的背包里放入各类装备：旧的双筒望远镜（不要拿贵重的哦）、笔记本和铅笔、装小昆虫的塑料小盒子、放大镜。现在就带着宝宝去自然界探寻和认识野生生物吧。您可以从网上下载一些有关土鳖虫、小昆虫和其他小生物的知识。

如果您家的小宝贝或是您自己不是特别喜爱那些奇形怪状的爬行小动物，您也可以带着孩子探寻诸如树叶、树皮、嫩枝、羽毛、果实等大自然的产物。让您的宝宝亲自感受每一件自然瑰宝的质地。等宝宝感受完他所探寻到的自然之物，您得让宝宝把每一个小生命都放回到原来的地方。如果你们想把小昆虫带回家，您得告诉宝宝只能在家照顾小虫几日，以后一定要将它放回大自然。因为诺兰清楚地知道，很多小蝌蚪在小宝宝的果酱罐里待不了几日便死去了。

如果您和宝宝感兴趣的不是成为探险家，那么你们可以试试做艺术家。收集一些嫩枝、枝条、树叶、橡子，用它们做一个大自然的雕塑、堡垒或者仙子的住所。这样您和宝宝无论是在海滩、林地还是公园、花园，都能度过愉快的时光啦。

帐 篷

如果当天天气温暖，您和宝贝可以一起搭建一个小帐篷。将两床旧床单固定在晾衣绳上，用石头将床单的底部固定牢，这样，一个简易的帐篷就搭好了。对小宝宝来说，将渔网挂在树枝上，或将餐布铺在野餐桌上，都能构成一个密室。小孩子们喜爱秘密空间，因此，一个小密室就是他们秘密藏身的地方啦，在这里他们可以玩各种冒险游戏，有了独处的时间或者看看自己的书籍。因此，妈咪一定要把这个密室做得特别一点，往密室里放些垫子、塑料桶或听装的零食，还有手电筒。或者您也可以从商店给孩子买成形的儿童帐篷、沙滩帐篷或小密室。不过要是能亲自动手做，其中的乐趣才会更多。下面我们将会教您做一个基础的圆锥形帐篷：

"我的秘密空间"帐篷：找三四根竹竿，用绳子或密封包裹用的胶带将竹竿的顶部固定在一起，将竹竿的下方固定在地上。然后用一大块布料或旧的床单铺在竹竿外围，并将其固定。一个理想的儿童小屋就大功告成了。

我们建议父母和保姆能在车库或阁楼给宝宝留一个"帐篷材料箱"。收集旧床单、海滩玩耍用的席子、毯子、桌布放在箱子里。晴天的时候,您就可以拿出这些东西给宝宝搭建一个临时帐篷了。

喂 鸟

小朋友们都喜爱观察小动物。往家中的花园或者窗台上放置一个喂鸟器或小鸟桌就能吸引不少鸟儿和松鼠。妈咪可以试着给小鸟做一个小蛋糕:将猪油或植物油在平底锅里融化,加入坚果和种子,倒入塑料小桶中(就是那种您装松软干酪的小桶)。完成以后,用一枚针或类似的东西在蛋糕和容器上戳一个小洞,然后用一根绳子将蛋糕串起来并打结。将蛋糕和容器一并倒置悬挂在小鸟桌或一棵树上。之后就会有各种雀类、山雀还有知更鸟过来觅食了。记录下每天来的小鸟的种类。这个活动可是雨天安静地打发时光的好选择,您和宝宝可以通过近处的玻璃窗看到外面小鸟的情况。

每一片云彩都透着一线希望……

即便是滴滴答答的潮湿雨天,妈咪也能将它变成一段有趣的时光,一切就从天气开始。如果家中的宝宝已经开始学步,您可以教他测量雨量。将塑料罐或有刻度的水壶放在雨中,这样可以测量下雨的量。做一面小旗子,将它挂在晾衣绳上,上面拴一个指南针,以测出风向。平时在林中漫步的时候,可以收集一些冷杉果,可以观察它们根据温度的变化而一开一合。将所有的这些发现记录在笔记本上。如果您的宝贝很感兴趣的话,这就是一个浩瀚工程。跟天气有关的活动还有不少呢,比如跟宝宝一起用白纸做雪花,用画笔画出不同天气情况下家中花园或公园的场景,或者做不同季节的拼贴画也是不错的选择。

脏娃娃

家长们都爱告诉宝宝不要把衣服弄脏啦。所以当爸爸妈妈告诉宝宝,你可以尽情把这边都弄得一团糟的时候,宝贝可是万万不会错过这千载难逢的好机会的。如果想要保证您自己干干净净,并且不让家具也遭到连累,最好就是在室外玩耍啦。

家中沙滩

您可以在商店买成形的沙坑,不过对于家中的小宝贝来说,只要有任何装有沙子的塑料容器就 OK 了。即使是用旧的洗碗碟用的浅桶或者婴儿澡盆都可以。要将简单的沙坑变成沙滩,妈咪可以加入一些贝壳、水、玩具船、水桶、铲子等。再给宝贝戴上太阳眼镜和太阳帽,即便是阴天也不例外,而且记得带一点防晒霜哦。如果不做成沙滩,您也可以将它作为大楼的地址,往旁边加几辆小车和卡车就好啦。踩沙坑亦是一个万能游戏哦,不过到了晚上,记得将沙坑盖起来,不然就会招来猫咪。

行为艺术

找出几张大纸,比如衬纸或墙纸。用遮蔽胶带把纸张贴在平整的地面上,比如家中的露台或草坪,只要用完之后能用水管冲洗得到的地方就行。您还需要几个大的塑料托盘或小桶来装颜料,并且最好选择可以清洗的颜料。我们建议您在做这些事情的时候,最好能穿上不用的游泳衣或短裤。宝贝儿们就可以将小脚丫踩进颜料里面,然后随意走动、蹦跳或者在纸上奔跑。

毫无疑问,孩子们自然是喜欢这个游戏的。不过妈咪您就不一定。下面诺兰就要教您如何处理艺术家作画后的"一团糟"吧,不过也不能保证效果是 100%……

诺兰清理清单：

■ 不管怎么小心都会弄得很糟糕的，所以放松一下吧——就只是颜料而已啦。

■ 把家里的塑料片材取下来。

■ 给宝宝穿上旧衣物或围裙，如果天气够暖和的话，让宝宝光着身子玩耍也无妨。

■ 这项活动当然是在室外玩耍最佳，不过若是妈咪您已经在家中准备好，那么在家中玩耍也是可以的，比如厨房就是一个好地方，因为厨房的地板总是很好清理的。

游戏也是为上学做准备

宝贝在学校上课的时候，老师总会要求他坐定，认真听讲，集中注意力，与其他小朋友好好相处，并且爸爸妈妈也不会在他的身边。他得学会用铅笔，好好地跟别人交流。为了帮助宝宝适应将来学校的生活，家长们可以通过玩游戏来达到目的。比如之前提到的"红绿灯游戏"，或者本章前面提到的各类相关游戏。读故事给宝宝听能帮助宝宝练习听力技能。还有不少室外游戏同样有益，例如探索自然界的小昆虫、小动物，或者在自然界寻找、感受不同事物的不同质地和形状，能帮助宝贝提高观察力。一边跟宝宝玩耍一边提问并鼓励他回答，这样能够开发宝宝的语言和交际能力。如果宝贝在学校能够与老师和朋友很好交流的话，这也是他学生生涯的一大优势呢。如果妈咪能鼓励宝宝运用创造力和想象力，让他按照自己的步调成长，那么他就能在这个过程中不断了解这个世界，了解他在这个世界所处的位置。

第七章　诺兰必读之宝宝派对

　　诺兰参与或举办过成百上千个宝宝派对。我们在本章要教会妈咪如何举办一场完美的派对。首先要做的是确定宝宝喜爱的游戏、派对主题以及食物。只要做好各个步骤,您的派对一定会得到宝贝儿的喜爱并给他留下深刻的印象。

　　家长们通常喜爱互相比较谁的派对是"最佳儿童派对",但是,请妈咪记住,派对的目的仅仅是给宝贝带来欢乐。最简单的派对往往是最有意思的,因为即便您花了大价钱,宝宝也不会理解每件东西的昂贵价格。而且身为家长的您,也可以全身心地加入派对哦,丝毫不用感到压力。

从零开始

　　首先妈咪必须确定好派对的主题。最好的办法就是问问当天的小寿星喜欢什么样的主题。您可以放一百个心,宝宝想要的派对主题,一定是您最怕的那一个! 即便如此,我们也有办法让宝宝的梦想成真,只是妈咪您就得接受一些"艺术上的挑战"。下面我们为您介绍三种完成主题派对的办法:

　　■ 从专门经营派对物品的商店购买一切必需物品,不过该方法并不是我们最喜欢的。

■ 买一些小的"零部件"回家,然后稍微动动手组装好派对需要的物品,这个办法也不是我们的最爱。

■ 找一本相关的书籍,根据书中的指导自己动手设计、制作每样东西,当然,您最好确保每样物品都比较简单,这种做法就是我们翘大拇指称赞的了。

如果是十分忙碌的家长朋友,听到要"白手起家""自给自足"一定倒抽了一口气。不过只要您提前做好准备,并设定好切合实际的目标,您和您家的宝贝一定会在创作中体验到不一样的乐趣。

选择派对主题时,要考虑到宝宝的年龄。妈咪可以试着引导宝贝,并且告诉宝宝你们在派对前到底能做出些什么。与宝宝年龄相适合的派对,能给每个人都带来乐趣("每个人"可不包括父母)。诺兰曾经参与过一个两岁宝宝的香槟、鱼子面包派对,可是宝宝仿佛对那个派对不怎么感冒哦。

海盗主题派对（适合学步年龄及以上的宝宝）

海盗主题派对的每一样东西都是围绕骷髅旗进行的,小寿星宝宝(一般是男宝宝)就是海盗船上的船长啦(当然,前提是他愿意)。室外游戏的话,可以为宝宝准备"走木板"(将一片宽木板架在两个倒置的矮桶上面),或者"金银岛寻宝"(记得给每个来玩的宝宝都准备一张影印的藏宝图)。到了室内玩耍时间,您可以为宝宝们准备一张黑色的纸、绳子、剪刀,让每个宝宝为自己做一个海盗眼罩。妈咪还可以准备一些巧克力的金币哦。

外太空主题派对（适合刚刚上学的宝宝）

假设您的家或花园是月球或火星。在"太空"中做的所有游戏,都得与太空有关。比如"抢座位"游戏就变成了"抢星球"游戏。"寻宝游戏"所探寻的宝物,也就都变成了用银色纸包起来的巧克力星球和小型太空火箭玩具。将"贴标签游戏"变化一番,就可以让孩子们到室外追逐游玩。游戏的玩法是:妈咪让每个宝宝为自己抽一个星球的名字,抽中"流星"的宝宝就得尽力追到其他"星球",把"流星"的标签换给另一个小朋友,自己拥有这颗星球的名字。至于派对的饮料,将果汁当成火箭燃料,小饼干也做成星星的模型。如果您喜欢的话,还可以给宝宝们穿上太空服等衣服哦。这些就看您的想象力啦,让想象力张开翅膀飞翔吧。

活动派对

大一点的孩子可能会选择游泳、射箭或玩小型赛车这样的活动派对。不过小宝宝们也可以有自己的活动派对。如果是在室内的话,学步年龄的宝宝们可以画画、粘贴;稍大一点的宝宝可以在浴缸里装满木勺、塑料碗或水壶(宝宝用来量水和倒水)。如果家里有足够的空间,您可以用垫子、洗衣篮、硬纸板盒给孩子搭建一个野战训练场,小宝贝们一定会喜欢的。

冬季树林派对

如果您家的宝宝是冬季出生的,您也不用觉得"生日派对"不能在室外举行。我们一直主张多让宝宝呼吸新鲜空气,这样才利于他健康成长。妈咪可以在家中的花园或者是任何户外绿色地带,为宝宝举办一个冬季"树林派对"。只要是两岁及以上的宝宝,他们对这个派对都没有抵抗力哦。学步年龄的小宝宝需要家长时刻看护,大概一个家长看着两个小宝宝。妈咪可以组织宝贝们收集树枝来点营火;或者让他们出去抓小虫、收集树叶。家长还可以帮助小宝贝们搭建小帐篷,让宝贝们带着自己的泰迪熊一起玩耍。你们甚至还可以玩寻找泰迪熊游戏呢。"树林派对"主要是让宝宝们去用小鼻子闻、用小手感触自然。学步年龄的宝宝们，可以闻闻树叶和泥土的气息，然后告诉妈咪他们感受到了什么；或者您可以让宝宝们寻找一些具有特定特征的东西，例如粗糙的东西、光滑的东西，或者圆圆的东西。

如果您给小寿星准备的是树林下午茶派对，家长应先去生火，等火燃烧起来以后，让宝宝们拿着用长棍子串好的食物到火上烧烤。他们一定喜爱听到罐子里的爆米花发出劈劈啪啪的声响。宝宝们也可以用锡箔纸包上马铃薯，放到余火当中烘焙一番，不过在取出来的时候，家长得帮宝宝们一把，并且还要将马铃薯切开来晾凉哦。

树林派对可以在任何季节举行，而且我们保证，无论是多大年纪的宝宝都会喜欢。只要准备好道具，其他的就交给您的想象力吧。

篝火晚会

孩子们都喜爱篝火晚会，不过最爱它的还是大一点的宝宝。宝贝们可以拾柴火，也可以学学怎样把篝火点燃（这也许是他们生平第一次这样的体验哦）。只要有大人们看着，您就可以让一个宝宝来试着点燃篝火。用锡箔纸包好带皮的马铃薯，然后放在篝火中烤熟，这一定能给宝宝带来不少欢乐呢。如果妈咪您的菜单也是 OK 的话，您就能轻轻松松地陪宝贝玩耍啦，保证不会有什么意外小插曲哦。

泰迪熊的野餐

如果是要给比较小的宝宝办一个夏季"室外派对"，那么泰迪熊的"野餐派对"就正中您的下怀。让参加派对的宝宝们都带上自己的泰迪熊，这样他们就能拍拍抱抱小熊，让小熊也享受这次野餐呢。让宝宝们按照"宝宝—泰迪—宝宝—泰迪"的位置来坐。宝宝们可以玩"Ring—a—Ring of Roses"游戏，宝宝与泰迪手牵手，围成圆圈一起玩耍。"寻找泰迪"还有"与泰迪赛跑"等游戏都能让宝宝消耗不少能量哦。

组织派对

等"寿星"宝宝选好"生日派对"的主题后，您就得开始规划宾客名单了。如果是为满1周岁的宝宝庆生，这场派对最主要的目的就是共同庆祝你们3人小家庭的第一个周年纪念，而不是为了让那么小的宝宝拥有一个印象深刻的生日会。如果宝宝已经开始上托儿所或进入学校学习，那么您的宾客名单上可就是一整班的小朋友。记住引导宝宝根据您家的大小、选择的派对场所、派对的预算，或者以您的耐心程度来确定宾客名单。

如果宝贝有姐妹或哥哥弟弟，能让他们带了自己的朋友来那就好了。这样他们便有同龄人可以玩耍，甚至还可以给您搭一把手。好啦，现在您手上已经有派对主题和宾客名单了，那就开始准备派对吧。

诺兰派对准备事项：
- 邀请函和回复函
- 帮手
- 菜单选择
- 生日蛋糕
- 摆餐具
- 派对装饰
- 派对袋子
- 奖品
- 安全检查
- 派对时间安排

■ 游戏

派对邀请函和回复函

一张派对邀请函应当包含您家宝贝的名字、您的地址、电话号码、邮箱地址。来参加派对的宝宝的家长们还得知道派对开始和结束的时间。还有一件事就是派对的主题,尤其是需要参与者穿上特定服装的派对。有时,参加者需要您给出明确的指导,告知他们应当穿什么类型的服装,比如威灵顿长筒靴、旧衣服、绘画工作服或者泳装与毛巾等。如果您没有提前说明这些特殊要求的话,很有可能大家会扫兴而归,或者根本无法参与进来哦。或者您可以事先在家准备一些服装或道具,等客人来时再分发给他们。

如果宾客中有比较忙碌的家长,您的电话号码此时就能帮上大忙了,因为他们可以用短信告知他们是否会前来参加派对。或者您也可以准备一张回复函,让家长们回复是否会来参加派对。同时您得要求其他家长提前告知他们的电话,可能会引发他们宝宝过敏的过敏原或正在服用的药物,宝宝的好恶等,并且问清楚宝宝们的家长是否会陪同孩子一道前来。有了这些信息,您就能计划有多少孩子的祖父母、阿姨、叔叔,可以帮您一起组织好这场派对了。

派对帮手

要想派对顺利进行,并且自己能获得一点陪伴小寿星的时间,妈咪就需要能搭把手的人,比如伙伴、好朋友或亲戚。给每个帮手指派好固定的任务,让他们各司其职,比如组织小朋友玩游戏,摆放派对食物等。

派对菜单

派对上供给的食物应当简单、营养、有趣。如果是下午茶派对，您最好将时间设定在孩子们平时午餐或下午茶的时候。准备一些小吃，饿了的宝宝可以自己拿吃的来填饱肚子，其他宝宝也可以随意选择自己喜爱的食物，然后继续欢快地嬉戏。记得让宝宝们喝到足够的水。一直在奔跑嬉戏的宝宝会非常缺水，尽管他们自己不曾察觉自己已经很口渴了。

任何一个派对都不可能十全十美，不可能满足每个宝宝的好恶。但是所幸的是回复函中明确说明了"禁区"有哪些，比如宝宝的过敏原或有特殊的饮食要求等。如果您的宾客中有人有特殊要求，那么您制定菜单时就必须考虑到这一点。但是尽量避免特地为有特殊要求的宝宝制定单独安排的食物，因为那样会让宝宝感觉自己被孤立。

以下为您介绍三种简单的派对菜单，其中一款是专为乳糖不耐的客人准备的。

海盗菜单

■金银岛三明治：将三明治放在涂成沙子颜色的碟子或盘子上，点缀一些火腿、奶酪、西红柿和黄瓜。

■加勒比风味小吃：将等量奶油干酪与原味酸奶混合倒入碗中，加入火腿丁、菠萝块、胡椒粉，最后再搅拌均匀。

■什锦蔬菜条：条状胡萝卜、小黄瓜、芹菜，调料为胡椒，可以用来蘸着吃。

■波利鹦鹉什锦：将葵花子与丁状的水果干搅拌均匀倒入碗中（不要用坚果类食物）。

■海盗船：将橘子当作船员，"平躺"在船上，在上面插上取食签，签上固定有白色三角形纸做成的风帆。

■海盗潘趣酒:往潘趣酒杯中盛入一些纯果汁当作潘趣酒,如果要有啤酒泡的效果,可以在果汁中加入一些苏打水(不要添加汽水)。

■炮弹小球:将蛋糕和消化饼干碎屑卷上可可粉放入碗中,加入一些蜂蜜(但是,妈咪要记得只有两岁以上的宝宝才可以用蜂蜜哦)和一点点香精。将混合好的东西加入面团,和面,然后用手将面团搓成一个个小球状。将巧克力酱倒入一个浅口碗中,把小球放入其中滚动,直至覆盖上一层巧克力。把它们放到成堆的"土丘"中,这样随时就能"开火"啦!

营火自助餐

这种菜单对家长而言可是十分轻松呢,而且稍大一点的宝宝也会十分喜爱。把食物都放到一个支架台上,让宝宝们自己取用。

■汉堡和热狗:准备许多圆形小面包,将它们都切成两部分。事先把汉堡与香肠放在火上煮熟(妈咪得费心看着煮的过程,确保将东西煮好)。给大家准备一些调味酱和西红柿、小黄瓜丁。

■汤品:将汤品盛到杯子中,并且在杯子的外边包一层纸巾,防止手被烫伤。甜玉米杂烩或西红柿汤,可是冬季寒冷夜晚的明星汤品哦。

■"热潘趣":妈咪要是告诉宝宝们他们喝的可是潘趣酒,那他们会骄傲地觉得自己长大了呢! 将橘子汁和黑加仑子饮料混合在一起,倒入1个大的潘趣酒杯中。往里面加1茶匙肉桂,再用沸开水将饮料稀释,最后加入一些薄薄的橘子颗粒,让它们漂浮在"潘趣酒"上面(给宝宝们"上酒"之前要检查一下温度是否合适)。

■布丁:大冬天的时候,块状的焦糖烤饼一出场,可能就会被一抢而空。串在棍子上的拔丝苹果,则是营火晚会上孩子们的最爱哦。

招待乳糖不耐的客人

■比萨:比萨的主体用自家烤面包的生面团来做,把黄油换成没有乳制品的人造黄油,将牛奶换成水。至于比萨的上方呢,您可以加入各式各样新鲜的配料和自己做的番茄酱哦。如果有其他宾客需要奶酪的话,您可以把一些小干酪放在一边,让小手们自己去取用。

■ 鹰嘴豆泥拌蔬菜条:芹菜、胡萝卜、胡椒、花椰菜还有小黄瓜。

■ 新鲜柠檬汁:无论是前来的大宾客还是小宾客,他们都会喜欢这款饮料的,而且它还富含维生素 C 呢。

生日蛋糕

如果您家的宝宝对于设计生日蛋糕有十分强烈的愿望并富于幻想的话,瑞士卷就是您最好的选择啦。有一个或两个瑞士卷在手,诺兰就动用想象的力量做出了蒸汽火车、小美人鱼、猫头鹰和机器人等,能做出的蛋糕可是数都数不尽的。我们通常是自己动手做瑞士卷,不过妈咪要是太忙碌的话,可以到超市去买。下面就向您介绍 3 种孩子们最爱的蛋糕,相信您要馋得流口水。

蒸汽火车

瑞士卷长长的圆柱部分可以当作火车车厢,取一部分瑞士卷雕刻成方形当作驾驶室,再取一些瑞士卷切成圆形当作火车车轮,两边各放置 3 个。给火车车身撒上蓝色糖霜,管道侧面涂上红色糖霜。连接火车车厢之间的活塞杆,可以用甘草来充当。黄色的甘草就是火车的车顶,黑色的则是烟囱。妈咪可以从宝贝的插图书中寻找灵感。

老麦家的农场

烘烤一个大大的、厚厚的果酱夹层蛋糕,往上面铺上一层巧克力糖霜,并用巧克力做的手指饼在蛋糕外圈围成一个栅栏。最后再往蛋糕中央放上塑料拖拉机和小动物,点上蜡烛就大功告成啦。

大海与岩石蛋糕

首先要做的还是一个果酱夹层蛋糕。在蛋糕的各个面上都撒上蓝色的糖霜。将红色、橙色和绿色的酥皮切成三角鱼、章鱼、海草,甚至是一两个跳水运动员的形状来装饰蛋糕的四周。把塑料小船放到蛋糕的上面。最后再点上几支蜡烛摆放在蛋糕以外的地方,当作是航海家已经发现的大陆。

> **诺兰金科玉律**
>
> 如果妈咪家里是双胞胎甚至三胞胎,那么您就得在举办派对问题上发愁了,因为几个宝宝们喜爱的东西可能完全不一样。倘若真是这样,您也无需慌张,我们给您一个建议:选择不同的时间,分别举办两场派对。即使是双胞胎或三胞胎,宝宝们也是不同的个体,所以您就让他们在选择派对活动和派对宾客名单方面尽情按照自己的性格来办吧。

摆餐具和食物

我们曾参加过各种风格的宝宝派对。有的家庭在举办派对时动用了最为精美的瓷器餐具,或者完全不用刀具和瓷器。我们建议妈咪使用纸质盘子、茶杯和塑料器皿。这样一来就不用担心瓷器会被打碎,或事后还要洗碗碟的麻烦事了。如果有剩余的纸盘子,您还可以把它们做成面具供小朋友们做游戏。即便是宝宝们玩得特别疯,您也不用担心塑料器皿会给孩子造成什么伤害。

纸质桌布是诺兰保护派对中桌子的秘密武器哦。它不但可以保护桌子免受"意外",还能当作垃圾袋清理桌上的狼藉。有了纸质桌布,清理桌子时您要做的就是一个弯腰、双手一抱,然后立马转身走向垃圾桶就 OK 了。如果是需要特别保护的餐桌,您还可以在纸质桌布的下面再铺一层塑料膜。如果是给很小的宝宝办派对的话,最好在桌子下面再铺一张塑料膜或报纸,以免孩子将饮料洒在地毯上。妈咪记得要选用较短的桌布,防止宝宝因为桌布过长而绊倒。如果没有桌布的话,您最好使用易于清洁的桌子,这种桌子也许对很小的宝宝的派对还更实用。

> **诺兰金科玉律**
>
> 如果要上茶点和饮料的话,最好让小宝宝们都带上自己的杯子,这样每个宝贝都有一个自己的杯子,也方便他们识别自己的那一个杯子。

如果您的宝宝和他的客人都是刚刚学步或还没上学的小宝宝,不用给他们安排特定的餐桌位置。避免宝宝们因为座位发生争执,并让宝宝们自己选择要坐哪里。

派对装饰物

并不是每个宝宝都喜欢特别热闹的派对。宝宝们越小,他们就越不喜爱您准备的惊喜烟花。因此,我们从来不会在下午茶时间或赠送派对礼物时间燃放烟花,因为烟花若是在开心激动的宝贝们手里,可是非常危险的。

几乎每个年龄段的宝宝都喜爱派对帽子。您和宝宝在派对前可以做一些帽子,当然这是在时间和您的手工能力允许的情况下。或者您可以给每个宾客都发一顶普通的帽子,然后让大家一起装饰帽子。

　　最简单的派对帽子就是用一条长纸条做成的,先用纸条绕头一周,再用胶带将后面接口处粘起来。不要用订书机来固定后面的接口,因为订书钉往往会勾住宝宝的头发,会给宝宝造成危险。如果您家的宝贝已经4岁大,您可以给他配备一个胶棒、一把剪刀,还有纸条模型(供宝宝参考如何将纸片剪成适合的形状)。这样您的宝宝既能参与其中,又能时不时地发挥自己的创造力。如果您觉得不用事先准备好帽子,您也可以将做帽子当作一项宝宝们的派对活动。宝宝们自己在地毯上装饰帽子,您就能抽出时间将准备的食物端出来摆放好。

诺兰金科玉律

　　不要将装饰帽子的游戏变成一个比赛。妈咪不要让一个家长或小寿星宝宝来评判哪个宝贝的装饰是最好的。孩子们往往在派对上都玩得很兴奋,这时他们的情绪就特别不容易控制,一旦发生一点点不愉悦或失望,到时宝宝们可能就会眼泪汪汪哦。

派对礼物袋

　　大多数派对的最后一个项目,就是赠送派对礼物袋。妈咪要准备的就是一个装满小礼物的纸质袋子,把它作为您家宝宝派对的纪念品送给宾客。您和宝贝一起选择了派对的主题,这个主题给了你们制作邀请函、派对帽和生日蛋糕的灵感。为了让宝宝的派对礼物袋契合主题,妈咪就将主题在礼物袋上进行到底吧。

　　其实虽然叫做派对礼物袋,您的礼物袋也不一定非得是专门的礼物袋。您在家可将普通的纸袋装饰成礼物袋。最基本的原料就是用餐巾纸包好的生日蛋糕和充好气的气球(如果气球没有充气,宝宝自己吹起时可能会有窒息的危险）。当然,大部分的礼物袋可远不止这么简单,往往会精致许多。妈咪一定要记得。您准备的礼物袋得适合宾客的年龄,并且几样小的新奇玩意儿,反而比一两件大家伙更讨人喜欢哦。宝宝的小手最爱深入袋子底部,探寻潜伏在下面的小东西啦。

根据派对的预算和主题的不同,您可以从以下三个基本款中获取点灵感来准备您的购物袋。

■自然礼物袋:关于野生生物的小插图书、未削的铅笔、一袋葡萄干、一块蛋糕。

■树林礼物袋:小动物书籍、动物图案徽章、树林派对中制作或找到的其他物品,例如树叶拼贴画、一块森林蛋糕。

■仙子礼物袋:一管闪耀小星星、一小把仙子主题铅笔(未削的铅笔)、粉色写字板、小的仙子蛋糕。

最好对每个礼物袋的价位做到心中有数,这样才能保证您的实际支出与心中的预算一致。在购买礼物时,可以选择一些平常不常去的店铺,比如老式的五金器具店、贩卖小艺术品的店面、贩卖冰箱贴的厨具店。宝贝们拿到礼物袋以后,一定会数数自己的礼物,并与其他小朋友比较一番,因此您在分礼物的时候,一定要每个都数清楚哦,只要是满3岁的小朋友,他们的算术水平就足以数清自己和别人的礼物了。

小奖品

我们通常不为派对准备任何奖品。只有一个游戏例外,那就是传递包裹游戏。倘若每一层包装纸打开之后没有任何小奖品的话,这个游戏恐怕对宝贝们就完全没有吸引力了。像类似用勺子运鸡蛋的游戏,妈咪可以给获胜的宝贝们发一个可以粘贴的标签,表示他们是这一轮的胜者。寻宝游戏当然也需要"宝贝"给孩子们搜寻啦。妈咪鼓励孩子们探寻隐藏的小宝藏，记得让每个宝宝都有机会找到宝藏哦。

如果您觉得派对怎么能没有奖品呢？那么您就事先多准备一些，尽量是一些不同种类的小奖品，比如稍大一点的宝宝，可能会喜欢恐龙或仙子的徽章，小一点的宝宝只要获胜标签就可以了。

安全检查

在我们的眼中，安全永远是第一位的。我们的保姆们都训练有素，每到一个将要举办派对的地点，她们都会扫一眼全场。所有的家长们也应当有这样的安全意识，即便是在自己家举办派对，也要提前进行安全检查。对于如何对家中和花园进行安全检查，请您参照本书的第三章。

诺兰日光派对安全措施：

- 妈咪需在邀请函上提醒各位家长和宝宝带上自己的防晒霜。
- 准备好水龙头，方便孩子们自己取水。
- 确保宝宝们都带着太阳帽。
- 准备一个阴凉的暂停休息区。

如果是冬季派对，您得在邀请函上提醒宾客们穿戴好大衣外套、帽子和围巾，并带上威灵顿靴。

派对时间安排

宝宝的年龄决定了派对的时长和复杂程度。如果是刚刚学步的宝宝，大概一两个小时就够了；学前儿童能保持两个小时左右的兴奋时间，之后就会变得疲惫和不开心；如果是更大一点的孩子，3个小时是没有问题的。考虑完宝宝，妈咪您就可以想一想自己的耐心能维持多久啦。

> **诺兰金科玉律**
> 最活泼的游戏应当安排在派对开始的时候，因为那时宝宝们的精力最为旺盛。

宾客们一般不会同时到来，因此，派对前 10 分钟您要做的就是安排每位客人进屋，安置好他们的外套，简单地介绍一下派对，寒暄几句。您所接待的是一群十分活泼的小孩子，如果您能让他们对派对有所了解，相信宝宝们会玩得更尽兴更愉快。快到饮茶时间时，您可以组织一个安静一点的小游戏，这样大家就能休息一下了。

饮茶完毕，宝宝们的肚肚里都装满了果汁、糕点，这时，您就需要准备一些更为平静的项目，好让宝宝们吃的东西能有时间消化。"给驴子别上尾巴"或者"给海盗戴上眼罩"等都是茶点之后的好选择。这样的小游戏能把宝宝们都聚集在一起，方便您之后带宝宝们去找自己的父母，并领取礼物袋。说不定您还能收到不少"谢谢"哦。

我曾经组织过一个派对，参加派对的都是 6 岁左右的小男孩，特别爱闹腾。一阵嘻嘻哈哈之后，我的游戏就用尽了。可是我不想让大家变得很无聊，而且没有游戏可以玩的话，他们很可能会给我惹麻烦。于是我又陆陆续续组织了好些游戏，简直超出了我之前的预计。最后我也是濒临"江郎才尽"。不过所幸的是，到派对结束，我都还有一两个点子可以用。

——保姆玛丽

如果您请了一位娱乐节目表演者，您可以给他一份孩子喜爱的游戏清单。毕竟，这是为宝宝准备的派对。记得要时刻关注宾客们的情绪，有时他们可能需要一些自由的玩耍时间。

派对游戏

抢椅游戏、寻宝游戏等都是派对常见游戏,不过我们还有一些自己的独门小妙招献给您。

换车站游戏（适合 5 岁及以上的宝宝）

先选一个宝宝,将他的眼睛蒙住并让他站到中间。每个宝宝都选择一个车站的名称(可以是真实的车站,也可以是自己想象的车站),比如圣潘克里斯、帕丁顿、王十字火车站,等等。妈咪您随意叫出两个车站的名字:"火车从圣潘克里斯驶往巴黎",这时对应车站名的两个宝宝就马上交换位置,不要让被蒙住眼睛的宝宝抓到他们。等到妈咪叫一声:"所有车站都交换位置",那么真正的混乱就来临啦。如果哪个宝宝被抓住,那么他就要被蒙上眼睛来抓别人。

传气球游戏

这个游戏无论是室内还是室外都可以玩。您只需几个吹好的气球就可以了。首先让宝宝们分为几个队,然后让他们在自己的队员中,一个一个地传递气球,哪个队先将气球传到最后一个宝宝手中,哪个队就算赢。至于游戏的复杂程度,您就得根据宝宝们的年龄和能力来设计了。您可以根据情况的不同,安排宝宝们用手、膝盖或者头部来传球。宝宝们在这个游戏中一定会收获不少快乐,并且能培养他们的团队精神。

一根手指一个大拇指唱歌游戏

这个游戏可是茶点之后的好选择,无论大小,各个年龄段的孩子都适合。玩这个游戏的过程中,您实际上也是在为孩子们提供一个消化食物的时间。游戏要求宝宝们全都坐定,然后大家开始唱这首歌:"一根手指头,一个大拇指不停地动呀动;一根手指头,一个大拇指不停地动呀动;一根手指头,一个大拇指不停地动呀动,宝宝们都很开心很愉快"。宝宝们可以根据歌词配合做一些动作,比如摆动自己的手指和大拇指。等到大家唱到:"一根手指,一个大拇指,一条胳膊,一条腿;点头,起立,转圈,坐下,继续摇动"的时候,宝贝们的茶点也就消化得差不多了,这时他们又有精力去玩耍啦。大概只需要3~5分钟,他们就会玩得特别疯狂啦。

无论是什么游戏,裁判员的判决就是最终结果了。2~5岁的宝宝一般不会质疑大人做出的裁判,但是大一点的孩子可能就会对结果有异议。遇到这种情况,您不要和宝宝争执,只需要快速地换到下一个游戏来转移他们的注意力。新的游戏带来的新乐趣,往往能够减轻酝酿中的敌意。

不是所有的小孩在派对一开始就会很有自信的,因此,妈咪得时刻观察宝宝们,看看有没有谁非常努力地想融入其中。如果是比较害羞的宝宝,家长的陪伴能够帮助他融入游戏;或者让一个大一点的孩子去跟他做朋友,也会有较好的效果。如果让大孩子陪他这一招不管用,至少您还有家长的电话号码,您可以给他们打电话救急。

派对结束时,很有礼貌的宾客们一定不会忘了向小寿星的妈咪道谢,而且他们还会让家长帮忙写一封感谢信给您呢。但是如果今年的派对没有做到这么礼貌的话,我们在下一章会给您一些建议,让大家在明年的派对中都能表现得更礼貌。

第八章　诺兰必读之严肃的事儿

听到严肃二字,仿佛我们正回到维多利亚时代,变身刻板僵硬的女警卫,用铁棍维护规则,事实并非如此。训导不是体罚小孩,不是威胁小孩,更不是让小孩感到害怕。它真正的目的是引导小孩做正确的事。宝宝们的价值观、道德观以及他的社交技能,都是从您和与之有密切接触的人身上学到的。这句话是什么意思呢? 其实很简单,也就是说本章的内容不是关乎宝宝,而是关于家长。如果您知道如何做一个行为良好的家长,并且能够很好地克制或处理不良行为,那么宝宝小时候的一些问题就不算什么挑战啦。我们会对您进行"训导",换句话说,就是要改善您处理不当行为的语言、方法和能力。在这一点上,诺兰是十分实际的。因为我们深知,即便是最好的父母,对自己哪怕是最天使般的小孩,也会有生气发怒的时候;或者在宝宝学步阶段也一定会遇到一些麻烦事。本章将会给您介绍一些简单的处理办法,帮助您和宝宝渡过一些困难时刻,当然,前提是存在这样的时刻。

完美父母

我们一生当中,都有人不停地教我们应该怎样做事,比如如何骑自行车、如何开车、如何游泳等。但是却没有人教会我们怎样成为好的父母。我们的教材,无非就是自己的爸爸妈妈,但不幸的是,这本教材也不一定就是最佳教材。培养出快快乐乐且有教养的孩子,需要爸爸妈妈或者照顾宝宝的人能够告诉孩子们凡事皆有度,不可越雷池一步。一个优秀的家长既要坚持原则,又要公正对待;各个家庭成员对孩子的教育理念要保持一致,立好规矩并严格按规矩办事。

上述观点可不只是靠诺兰长期经验得来的,而是获得了儿童心理学家和儿科医师的科学支持的。最近英国的一项研究表明,如果家长从小严格要求孩子,并且情感与规矩双管齐下的话,孩子长大后会更具自制力,更能与人共鸣,并拥有对自己和他人的责任心。学会自控和自力更生,是孩子们成长过程中的一个必要部分。

无论孩子在成长中接受的是宽松的还是严格的教育,他们都要学会面对挫折、愤怒、嫉妒等各种情感,因为正是这些情感才使得人之所以为人,而不是其他自然界的动物。父母的反应,正是指引孩子的明灯。当然这样说,并非是让爸爸妈妈们都变成绝对的严父严母,它只是想让你们能告知孩子上限在哪里,凡事的度在哪里,以及规则打破之后的后果是什么。

要成为既坚持原则又公正对待一切的父母,听起来似乎是一项极大的责任,不过我们还是有直接到位的方法。

诺兰"完美父母"5 大法宝:

■ 多鼓励和肯定孩子:事实上您的宝宝非常喜欢看到您高兴时微笑的表情。如果您能在宝宝表现很好的时候给予他表扬,并给他一个鼓励的拥抱,那么他就更容易记得要注意保持良好的行为。这种做法远比在宝宝做错事时您批评他要好得多。

■ 为宝宝充当好榜样:也许您还不知道,您的宝宝希望能像您一样,跟您做一样的事情。因此,您的一声道谢或者抱歉,或是在商店里帮助一位老奶奶的行为等,都是孩子学习的榜样。

■ 坚持原则:孩子们需要遵守一定的行为准则。因此,您最好为宝宝制定好一系列必要的准则,比如睡觉时间、使用电脑的时长。与此同时,您必须要求孩子务必"按章办事"。

■ 一致的教育理念和教育方式:您必须保证所有照顾宝宝的大人(保姆、托儿所老师、奶奶等)在教育孩子时保持统一的教育理念和方式。不能出现今天妈咪这样教育,明天老爸又那样教育,若是出现上述情况的话,宝宝就更难判断什么才是正确的事情。

■ 做您自己:首先您要清楚地知道什么才是适合自己教育宝宝的正确方式,不要老惦记着别的家长所谓的成功经验,或者他们教育宝宝已经达到的阶段。如何扮演父母亲的角色,可不是各位年轻爸爸、年轻妈妈应当相互比较的事情哦。

语言教育

要当好父母,其中最重要的一个方面,就是思考您是如何与宝贝说话的。所有的教育都是以语言作为基础,并且语言能力亦是父母能够帮助小孩发展的最重要的技能之一。想要用对语言,没有耐心和练习是办不到的。作为宝宝来说,他并不需要一一回应您说的每一句话来理解您讲话的内容,因此您要做的就是以一种正常的、礼貌的方式,像大人一样说话就行了。"谢谢宝贝帮妈咪整理你的玩具,妈咪真的很高兴"或者"我的宝宝真是好孩子,还让萨拉跟你一起玩你的小火车",这些表扬的句子能够让宝宝知道他什么时候做了正确的事情。不仅如此,这样的方式也从另一方面教会宝贝用类似的语句对他人的行为做积极正面的回应,并且能让宝宝成为一个更加具有合作精神的人。如果您能让宝宝区分他什么时候做的是正确的事,什么时候是错误的事,那么您的宝宝长大后也不容易产生挫败感。

诺兰金科玉律

　　不要学宝宝说话的方式,从您第一天教他时就用正确的词语,这种方式能让宝宝将来在与人交流的过程中,语言更加清晰一些。

对事不对人

　　这可是诺兰的一条黄金法则。不要对宝宝说这类的话:"如果你再咬一下汤姆,我就要生气了"或者"咬人是不对的,你真是个淘气的小孩";您应当换一种说话方式:"咬人会让别人很疼的。汤姆现在非常不舒服,因为你咬疼他了。你想想如果换成汤姆咬你一口,你会有什么感受呢?"换一种措辞方式之后,您会发现您责备的是某一种行为,而不是宝宝本身。如果是大一点的宝宝,您可以给他提一些问题,比如:"踢人可是不对的。如果汤姆再拿走你的玩具,你能不能过来告诉妈咪,然后我们俩可以一起想办法,好不好?"通过这种方式,您能让宝宝学会自己改善自己的不良行为。

避免说"不行"

　　这个字对许多宝宝来讲都显得特别生硬,所以您最好使用稍微委婉一点的措辞。举个例子来说,您可以用一句听起来更加通情达理的"现在该睡觉了,所以你不能拿那个东西哦,不过明天早饭之后还是可以玩的呀,你觉得呢?"而不是直接讲:"不行,你现在不能拿那个东西。"诸如此类的还有:"吃个冰激凌当然是个好主意,不过要不我们等周末再吃怎么样,那时候爸爸也回来啦,我们让他也一起吃一个？"

在拒绝宝宝的要求时,最好给他讲清楚原因,这样他就能明白为什么现在不能这样做。尽管——解释每件事情,对于十分渴望有自己的时间又缺乏睡眠的家长来说是件很累的事,但是付出总有回报的。宝宝看到您这样——解释每样事情,等他将来有什么不愉悦的事情时,他也会跟您讲他出现那种情绪的原因是什么,而不会无端地发脾气。

宠爱小孩并不意味着您要让他们一直随心所欲。当我想说"不行"二字时,我都会再三思考。如果宝宝作业没做完就想玩儿,我不会说:"不行,你还没做完作业呢。"我会说:"当然可以呀,只要你完成作业就行啦。"

——保姆萨拉

如果宝宝气急败坏地大哭大闹

如果孩子大哭大闹,大多数的父母都会吃不消,并且会气得发狂。不过我们有不少方法可以减少这种情况的发生。首先,您得确保您让宝宝做某件事的时候,不是大声吼叫他去做。许多家长都没有意识到自己在教育孩子时,就是用那种大吼的方式。为了防止您的宝宝养成大哭大闹的不良习惯,您得给他做一个好的示范。如果宝宝大哭大闹地要求某样东西,而他的要求又是合理的,这时,您得保持镇定,告诉他只要他用正常的声音,要求得到他需要的东西,那么他当然就可以得到。

关于宝宝大哭大闹的情况,我倒是有一个小笑话。每次阿奇闹的时候,我们都会扮演一个警察的警报器,这时他就会大笑起来,之后他就明白他那么做有点蠢蠢的,从那以后他需要什么东西,都会用正常的声音跟我们提要求了。

——保姆露易丝

大 吼

大吼纯粹是浪费体力。有时宝宝大吼可能会把您逼疯。遇到这种情况,您可不要再扯着嗓门更大声地吼他,因为那样只会让情况愈发不可收拾而已。如果是您的宝宝遇到什么危险,您当然得大吼提醒他,或者命令他不准靠近危险的地方或危险的东西。有时为了引起宝宝的注意力,您可能必须得大声地说话,不过不要将这种方式带到日常训导当中。如果您大吼自己的孩子,那么结果很有可能是他也会对您大吼。并且若是您一直都用大吼的方式来让宝宝听话,这一招可能不久就会失效。其实只要您一直坚持原则就好了,这样您的宝宝就知道您什么时候是在开玩笑,什么时候又是十分认真地在教育他。不过无论如何都要保持正常的音量,因为镇定也是有感染力的哦。

每当遇到一个新问题,我总会尽量保持低音量。如果那时小孩正在大吼,发现你都是轻声在讲话,那他也会安静下来听你讲。

——保姆茉莉亚

威胁是无用的方法

有的父母通常会用威胁的方式来训斥他们的小孩。下次您出去乘车或者逛商店的时候,您可以看看有的人是怎样将威胁作为一种武器来使用的。威胁和吓唬就意味着您可能要惩罚他,或者类似于说"如果你不这样做,你就要遭殃"之类的。接下来的步骤就是拽着小孩离开。这种教育方式不仅多余而且无效,因为孩子往往会无视您的威胁,而继续做自己的事。

送给忙碌父母的小绝招——回避战术

通过前面的内容,相信您已经学会了正面交流的方法,是时候让您接触回避战术了。回避战术能帮助您避免许多不好的情况。

回避战术之如何让宝贝出门

如果您家的宝贝还比较小,相信要带着他们按时出门可不是一件容易的事。不仅您有压力,连宝宝也有压力呢。小宝宝,尤其是才刚刚学步的宝宝很容易分心。可能正当您想要出门时,他又玩起玩具或者某个游戏了。要想出门容易、出得快,我们倒是有个小方法:让宝贝参与到准备出门这一项"事业"中来。您可以给他提一些问题,并且给他设置些挑战,比如"宝贝能不能在妈咪装好包包以前就穿上袜子呢?""宝贝能不能在爸爸做好三明治之前就找到自己的杯子呢?"您越是能让宝宝参与其中,您带他出门就会变得越容易。

回避战术之提供选择

对于小宝宝来说,最主要的问题就是他们不能好好地控制自己的生活。往往都是父母、看护、祖父母为他们做所有的决定。如果您能给自己的宝宝一个选择的话,那么就能很容易避免他生气或者做不好的事。我们这样说不是指他生活中的大事件要交由他决定,例如上床睡觉的时间,能不能超时看电视,而是说一些小的事情,例如要穿蓝色还是红色的裤裤呢,是到卫生间上厕所还是用便壶呢,喜欢吃花椰菜还是胡萝卜呢。

注意给宝贝的选择当中,不要有可以让他说"不"的选项。比如,您问他要不要到祖母家去,他可能就会说不去哦。不过如果您改成问他是想带蛋糕还是小饼干去看祖母,那么您给他的选项也不会改变您要带他去探望祖母的决定哦。我们深知能让宝宝有一些自主的决定权,可以帮助他养成自信、自己做决定的能力。

回避战术之放手让宝贝自己来

只要宝贝有足够的能力,诺兰总是让他们自己动手做事。从宝宝开始学步起,您就可以鼓励他自己做一些事情,比如自己穿袜子或者自己梳头,这时您可以表扬他是个真正的男子汉或小大人了。让宝宝自己动手,能够培养他的独立、自信和自尊。妈咪也可以从中受益哦。宝贝越早学会摆餐具、整理玩具、整理被子,那么他以后做这些事情时就越自觉。这可不是让妈咪您的生活更轻松些吗?我们多少次听到父母抱怨说,孩子起床后不叠被子、不整理房间,或是根本不帮忙做家务(尤其是当孩子已经 10 多岁的时候)。让宝宝做一些适合他年纪且力所能及的家务事,这样一来,您的宝贝将来会更加具有合作精神和乐于助人的品德哦。并且这样也能让他意识到自己在家中起着十分重要的作用。我们就知道一家人,他们家的报纸、信件都是家中宝宝去取的。从宝宝刚学会走路开始,父母就让他在听到报纸放进家门的邮筒时,就去取回家。

回避战术之奖励宝宝的良好行为

专家们称这种做法为"正面加强",这种办法对于小一点的宝贝尤为适用。我们往往会选择一些特殊的情况来予以奖励,因为我们要让宝宝知道有些事是本来就应该那样做,而不是为了从中得到什么奖励。奖励孩子并不完全等于奖给他玩具和糖果,您还可以试试表扬、鼓励的话和拥抱等。

年纪小的宝宝十分喜爱贴纸标签,因此我们诺兰最常用的一种奖励方式,就是制作一个贴纸栏。如果您的目标是让宝宝自己整理玩具、刷牙、清洁桌子,那么每天他完成这些事项之后,您就往贴纸栏上对应的那一天粘上一个奖励标签。一个好的贴纸栏上面应当包括宝贝擅长做的项目,以及他应当努力完成的项目。比如,宝宝确实每天都自己刷牙,但是不喜爱吃绿色蔬菜,这时您就将两个事项都标注在贴纸栏上。如果您要提醒宝宝做贴纸栏上的事项,最多告知他两遍就够了,这样您不会显得特别唠叨,并且也能让他知道,应当是他自己决定要不要完成某个事情。不做事情就没有贴纸标签。等您的宝宝获得一定数量的标签时,您可以表现出十分愉悦的心情,并且给他一点额外奖励。

> **诺兰金科玉律**
>
> 　　贴纸栏只能用于达成短期目标,也就是说得让您的宝宝在相对较短的时间内,就达成该目标。这样才能保证您的宝贝不会对一个目标失去兴趣。
>
> 　　这种做法是让您的宝贝改善自己的行为,以得到您的表扬和拥抱。但是在这里我要说明的一点是,这不仅仅是奖励的问题。它也是为了训练您看到事情的正面,表扬孩子的良好行为。毕竟,我们也喜欢"训练有素、表现良好"的父母呀。

让自己中场休息一下

家中的每一位成员都有各自的需求。即便您是成年人,您是宝贝的妈咪或者爹地,也不能说您不会遇到一两次十分厌倦、想要发怒的情形。事实是,正是由于您是一位家长,您才更容易遭遇崩溃的情况。哪怕是最完美的父母,偶尔也会感到厌倦和疲累。急躁的爹地妈咪们请注意啦,我们诺兰有好点子哦。如果您处于爆发的边缘,这时也许您采取回避政策,远离当下的情形会比较有效哦。您可以试着到房间外面休息一会儿,或者请朋友帮忙看 10 分钟宝宝,自己趁这个时间去好好舒缓一下情绪。一个好的家长,往往也会因为自己一时的不耐烦而道歉的。

有的时候我下班回到家,自己的孩子可能也会有诸多要求,这使得我有些不能忍受。如果出现这种情形,我会给我的妈妈或者姐妹打电话,或者让宝宝自己跟她们在电话里聊天。这样的机会可是宝宝的外婆或阿姨求之不得的,而且外婆通常会给宝贝读故事。打十来分钟电话就成为了我镇定下来的宝贵时间。

——保姆玛利亚

无论您的宝贝在做什么,您都要保持一颗幽默的心和一种远见卓识。因为父母眼中,孩子的淘气其实仅仅是孩子成长过程中的一个阶段而已。心里阳光点,多看看积极正面因素,也能帮您度过这些艰难的时光。

理解宝贝的行为

每个宝宝都有自己独一无二的性格。有的宝宝十分随和,也不怎么闹脾气;而有的宝宝可能就不那么容易对付啦。闹脾气、突然大吼大叫、生闷气、顶嘴等都是父母眼中最难对付的巨大挑战。下面的这句话也许听起来就像常识一样简单:如果您能理解为什么宝宝要那样做,您就能更好地处理突发的状况。

宝宝给您带来的这些挑战,其实也是他成长的一部分。通过这种方式,宝宝能够学会明辨是非;明白哪些事情可以做,哪些事情是做了一定会遭到惩罚的。毕竟，除了"爸爸""妈妈"，宝贝学会的词语就是"不行"。这是他人生的词典中，第一个能自我控制生活的词语。这个词语也是他用以进行反击的其中一个武器。等他慢慢长大，他还会加上跺脚、扔玩具，以及其他能得到别人注意的方式，这些行为通通都被宝贝纳入他自己的武器库里。如果您家的宝宝确实做了不好的行为，您首先要做的就是停下来想想自己应该采取什么措施，而不要贸然行动。宝宝的某些行为，或多或少会导致您崩溃，那么在您责备您家的"小讨厌"并让他停下来之前，将他送到保健员那里，或者自己先镇定一下，问问自己以下几个问题。

宝宝不良表现的常见原因：

- 您家的宝宝得到足够的关爱和注意了吗？
- 您家宝宝的日常惯例被打破了吗？
- 您已经很心烦或者很生气了吗？
- 是不是宝宝正在快速成长呢？
- 宝宝的睡眠足够吗？
- 宝宝是否一直按时吃正确的食物呢？

关爱与关注

说这一点可能有点画蛇添足，因为哪个父母会不爱自己的宝宝呢。但是宝贝缺乏关注度，也是导致其诸多不良行为的重要原因。让父母多多关注宝贝，并不是说要让您过分宠溺他，您只需让他知道您很爱他就可以了。如果父母不能让宝宝感受到他所需要的那种关爱与关注，他就会开始以自己的方式来要求关爱和注意。宝宝喜欢您给他读故事，与他玩耍或者给他推婴儿车时百分之一百的关注度。尤其是年龄还小的宝宝，比如才刚刚学步的宝宝，更加无法理解他的妈咪或爹地为什么不愿意时时刻刻都陪着自己。父母、照看宝宝的人，或者老师们，并不可能一直根据宝宝的要求给予他各种关注，宝宝自己日后也会学到这一点,只是要花上好几年的时间。在这之前的时光,只要他得不到自己想要的,他一定会表现得很沮丧。如果是大一点的孩子希望获得关注的话,那往往说明他没有安全感或者自尊心不够,并且他们很快就能发现,不良行为是吸引家长和老师注意的一个好方法。

毫无疑问,要让孩子得到足够的关注,确实是一件让父母们十分辛劳的事情。解决的办法非常简单:定期抱抱孩子,认真地告诉他您爱他,每天都安排一点与宝贝共同度过的时光,或者是充当宝宝游戏的忠实观众和粉丝。如果有的时候您不能在他身旁陪着他,您得让他知道,您与他之间是有约定的,会有特定的待在一起的时光,您会在他睡前给他读故事,或者周六早上一起踢足球等。

惯 例

小宝宝和刚刚学步的小孩都喜爱惯例。有新的宝宝加入、被送入托儿所、搬家、度假等新的事情就会使他很不适应。即便只是一个小小惯例的改变都有可能让他不自在,比如玩具坏了,或者开始使用卫生间等。宝宝可能通过将事态扩大来表达自己的不安全感。如果您发现惯例的改变是孩子闹情绪的原因,那么您这时的目标就是给宝宝宽宽心,并尽量保证现在的情况能尽量贴近他的日常状态。如果您给他的日常惯例中加入了新鲜事物,比如如厕训练,在最开始的几天,你都以进行、暂停交替的方式来让他适应新的惯例。如果是已经学步的宝宝或者更大一点的孩子,您可以试着与他交谈一下改变的内容,让他也参与决定。让宝宝一起打包度假用的东西,或者让他也给刚出生的弟弟妹妹取名字,都能让他感觉到自己并没有被爹地妈咪排除在外,或者他的生活正发生着自己无法控制的变化。

家长的情绪

您的问题也会传染给宝宝哦。即使是非常小的宝宝也能感觉到爹地妈咪有什么不对劲，或者情况不妙。如果爹地妈咪很心烦、很忧虑，或者很生气，他也会根据这些情况做出反应。也许他不能明白您这一天工作不太愉快，或者跟同事搭档有些争吵，但是他就是能觉察出您情绪上的变化。如果是这样的话，小宝宝可能会变得更黏人，学步年纪的宝宝可能还会哭起来，或者是发生其他能让您的压力愈发增大的行为。

如果您不能让自己的麻烦自动走开，这时，您最好保证能给予宝宝比平时更多的安慰与关爱。对于大一点的孩子，您可以跟他解释自己为什么不开心，并且让宝宝想办法来给你们两个减压。通过这样的方式，他能够开始理解情感共鸣，情感上也能更加成熟，这也能使他明白一件事：大人也不是一直都开开心心的，就跟小孩一样。

成长的烦恼

所有的宝宝都要经历成长最快速的阶段。到了某个阶段，孩子的成长仿佛不再是一点一滴的，而是一夜之间就发生了巨大的变化似的。所以宝宝会变得急躁易怒，或者行为发生很大的变化也就不足为奇了。因为在这个阶段，孩子的大脑也在快速成长和改变着。您这时要做的就是接受现实，您会发现孩子现在不是在慢慢玩耍了，而是在快快长大。不仅如此，他的行为也会跟着发生大的变化。

疲惫和饥饿

如果宝宝感到很疲惫或者饥饿，这时的他一般会变得特别情绪化,并且很难相处。最先要做的事情之一,便是保证孩子规律饮食、健康饮食、平衡饮食。如果他在朋友家中,您就得注意他是否正吃着自己不习惯的食物。(关于健康饮食的建议,请参见第四章)。最好在家中常备一些能补充能量的小零食,比如香蕉就是一种补充能量的好东西(适用于 12 个月以上的宝宝)。让宝宝早早入睡,并严格遵循睡眠时间表,这会对孩子有帮助。但是不要忘了,您自己的上床睡觉时间也许会带来一些麻烦哦。如果您睡眠不足,您的脾气也会变得不怎么好,并且也容易情绪化,对于照料一家老小的各类琐碎事务也会变得不那么上心。

戒掉不良习惯

大部分的宝宝都有一些不良习惯需要父母好好处理,比如爱发脾气、坚决不上车等。即便您的宝宝没有这些习惯,您也还是得学会相应的处理方式,因为难免会有亲朋好友带着自己的小孩到您家来玩,您到时很有可能得应付他们宝宝的坏习惯哦。诺兰的保姆们可是见识过各种宝宝的坏习惯的,并且知道应该如何处理。

宝宝生气发怒,您该怎么应对呢

跟学步年纪的宝宝相处可是一场意志战争。这时的他已经变得更加独立,并且也渐渐了解您和他的上限在哪里。当宝宝两岁大时,他已经可以满场飞、到处攀爬了,只是还没能意识到自己的不少行为,也许特别不受欢迎,或是不安全的,会对自己和周边事物造成危害。他的大脑还没有完全发育成熟,还不能帮助他完全理解他的某个行为会导致的结果,或者能够让他修正自己的行为。两岁大的孩子可能会做出将三明治塞入 DVD 机里,将小脑袋塞进栏杆里等事情,在他们眼里这就是他们应该做的事。

在这个阶段,他们常常被称为"可怕的两岁小孩",他们最有可能通过生气发怒,来表达自己的沮丧。父母要做的就是能记住引发他们生气的源头。通常的情况是,宝宝想要某个不能得到的东西、展示自己的独立性、想表达自己却又做不到,或是过于兴奋或激动,这时他就会通过生气发怒来引起您的注意。宝宝发怒通常有两类情况:

■ 因为生气而发怒:这时他往往很沮丧,通常还会伴随跺脚、乱踢和咬人。

■ 因为苦恼而发怒:通常是发生在宝宝被吓倒并觉得很疑惑的时候,这时他会大哭、啜泣或者赖在地上或不停地撞头。

有的家长看到宝宝发脾气的反应可能是生气,也可能是表现出同情,或者甚至是对宝宝投降。这些做法只会火上浇油。因此,绝对不行! 正确的方法是转移注意力,或者直接忽视他的行为。转移注意力,不失为快速解决问题的好方法,但是它一般只适用于孩子发脾气的早期,他的怒火只是零星小苗的时候。一旦您觉察到任何不妙,最好马上想办法分散宝宝的注意力。为了能够有效地做到转移宝宝的注意力,您得练习快速地将话题来一个 180 度大转弯。只要您一发现宝宝濒临发脾气的边缘,立即找一个十分有趣的东西给他看,或者转换一个新话题:"哇,宝贝快看天空中有一架飞机呢! 我想应该是飞去美国的吧。你觉得它要飞去哪里呢?"只要您能让宝宝作出回应、开始思考、想想计划什么的都可以。对于 3 岁以下的宝宝,我们无法强调这一招数的有效性,因为宝宝们注意力集中的时间本来就非常短。如果您进来的时候能来一段奥斯卡获奖表演,相信您家的宝贝立马就能忘掉他为什么要哭啦。

如果转移注意力和您高超的演技都宣告战败,那么下一步就只能面无表情地忽视这一切了。您就继续做该做的事情,假装什么都没发生一样,毕竟他哭鼻子的目的就是想获取您的注意,倘若您就是不理他的话,他的小脾气也不会持续太久的。不过有的时候也难免,他会在公共场所大发脾气,无论您做什么都无济于事,这样的情况往往往会让您尴尬万分。一旦遇到这种情形,您需要以下招数。

缓和宝宝脾气小妙招:

■ 从 1 数到 10,然后深吸一口气,之后再开口跟宝宝讲话。

■ 把他拉起来,抱一抱;如果他还是生气闹脾气的话,您马上把他放下。

■ 告诉他如果他停止发脾气的话,您就会抱他。

■ 如果他的脾气缓和了,您就将他抱起来,谢谢他停止发脾气,然后试着转移他的注意力。但是如果还不见效,那么再把他放下来。

■ 千万不要扯大嗓门吼他或者愤然而去。

■ 一旦他完全停止哭闹,那么您万万不要再提及。这件事就算处理好了。

通常来讲,最严重的情形是发生在购物的时候。不过,我们又怎能怪小家伙呢? 商场里满是耀眼的灯光、喧嚣的声音、斑驳的色彩,完全是对感官的一种攻击,而这时他还什么也做不了,只能眼巴巴地坐在那里等着您购物。太无聊了呀! 热闹都是您的,他什么都没有。作为看客的宝宝可是相当失望的,这时他的哭闹声可就会震惊全场啦。并且这时他的脾气是最可怕的那一种,因为他处于一种看得到却得不到的糟糕境况。为了避免以上现象,诺兰通常会事先做好计划。您可以提前想好一个逛街时跟宝贝一起玩的游戏(可参照第六章的 ABC 字母游戏),并且尽量将逛街购物的时间缩短,时不时地让宝宝也搭一把手,这样可以让他感觉自己也参与到逛街这件事中。您可以一边逛街一边跟宝宝讲讲逛街的地方,还有您想购买的东西。

> **诺兰金科玉律**
>
> 不要给孩子买糖果或者让他在超市里吃东西。这样的话,您购物的时候,糖果的奖励就不是他眼巴巴渴望的东西了,或者他会因为得不到糖果而大发脾气。

希望您的宝贝能够慢慢走出这个阶段,不过可能到了青少年时期,这个老毛病又会再犯。

宝宝攻击性行为及其处理方式

首先您得让宝贝明白一件事,咬人、踢人、用拳头打人还有掐人等,都是不对的,是绝不能姑息的坏习惯。引起这些攻击性行为的原因多数是挫折、沮丧、情感波动、厌倦,或者就仅仅是精力过剩。

许多家长看到孩子打伤别的小孩,或者对别的孩子不友好通常会用"暂停"这一招。如果是要将"交战双方"从战斗中拉出来,这倒不失为一个常用的方法。但是,这一招可不像某些育儿大师向家长们介绍的那么简单。大多数宝宝们在情感方面都不够成熟,他们并不明白自己为何要被排斥在外。他们可能不愿意自己坐着,也许会左顾右盼,或者根本不按大人说的办,这样一来情况反而会变得更糟糕。一旦发生类似的情况,家长必须好好处理。我们诺兰则十分偏爱自己的一套"冷却"处理法。

诺兰冷却处理法:

■ 带着宝宝到一个较为安静的地方。

■ 平心静气地跟他解释为什么他会被带走。

■ 安静地陪在宝宝身边。

■ 等宝宝镇定一些之后,问问他为什么之前会那么心烦。

■ 告诉他过激的反应是不对的,并解释清楚原因。

■ 如果他觉得很抱歉,那么您可以邀请他再一次加入到大家中间。邀请时您不能有为难的感觉,一定要是真诚、大方地邀请。

■ 如果宝宝又犯了同样的错误,那么您就又将他带出去,重复上面的步骤。

跟宝宝对话的时候,要记得一直保持微笑,并且让他知道一切如常,而他自己做的"小坏事",正是阻挠他好好玩耍的原因。这样做就是在告诉他,调皮捣蛋是一件多么浪费时间的事情。

诺兰金科玉律
　　保持跟宝宝的眼神交流,妈咪可以跪下或蹲下,这样就能跟他在同一视线水平上。

还有一件值得做的事,您需要思考一下是什么导致了宝宝的不良行为,或者欺负别人的行为。例如,您家的宝贝是不是之前吃了不健康的含糖食物或饮料?如果是这样,您得确保他以后都只食用规律的、健康的零食。另外一个可能的原因是宝贝身体里储备了过多的能量或者过于无所事事,那么这时您要做的就是,每天给宝宝设计一些高耗能的游戏,您可以带他到花园里或公园中玩耍,这样就能消耗他过剩的能量啦。

宝宝过于爱吸引大人注意时您该怎么处理

宝宝们很快就明白一个"道理":只要做点出格的事情,很快便能引起家长或保姆的注意。屏息是宝宝常用的一种方法,因为他知道一旦这样做,爸爸妈妈就会立马慌乱,这样他们的注意力就全在宝宝身上了。您看,他这样做就奏效了吧。我们通常会见到两种屏息的行为:

■ 第一种,也是最常见的一种,当宝贝生气或者沮丧的时候,他往往会开始屏住呼吸,不一会儿宝宝的脸就会涨红,嘴巴周围发青。这样的情况,通常会让宝宝昏厥或者瘫软。

■ 第二种,比较少见,但是父母却会被狠狠吓倒,因为看起来特别夸张,但是其实这种情况本身并没什么危险。其原因要么是宝宝生气,要么也可能是受到惊吓或遭遇小事故之后,引发屏息现象。孩子可能会张开小嘴,但是却喘不上气,之后他便开始发白,瘫软,晕倒,甚至变得僵硬。有的小孩甚至最后会因此生病。

如果您的宝宝也使出上述"伎俩",那么您首先要保持镇定。无论是小孩还是大人都不会因为屏息而窒息的。即使您的宝贝晕倒，身体也会自然地恢复呼吸，那么他随后就会恢复意识啦。您要做的就是顶住，不过一些基本的急救措施还是十分有用的。您必须保证宝宝不会因为晕倒而受伤，一旦他晕过去了，务必记得将他置于复原姿势。如果宝贝因此生病，您务必要确保他的头部是向前倾的，这样孩子才不会噎着。

我发现如果我女儿出现第一种屏息现象，只要轻轻朝着她脸上吹气，就能帮助她恢复呼吸。

——保姆茉莉亚

等孩子到了上学年纪，他自然就不再用屏息的方式获取大人注意了。不过您可千万不能掉以轻心，因为有可能孩子不能呼吸是因为更为严重的疾病，比如癫痫。如果您有这方面的担忧的话，最好与医师沟通一下。

宝宝说脏话时您要如何纠正

宝宝常常会从电视中、大人口中（包括爸爸妈妈）、还有玩耍的地方学到一些脏话或者不礼貌的语言。这些语言往往会帮他"赢得"周遭人的反应——他的小伙伴会认为那样讲话非常好笑，而祖母则会大吃一惊。遇到孩子说脏话的情况，我们通常会小心翼翼地处理，因为我们可不想让脏话都变成好话，不能让宝贝觉得说脏话是获取大人注意的一个好方法。

如果您的宝贝刚刚说了一句不礼貌的脏话，您会用什么方式来处理呢？首先要做的其实是注意您自身的言语，如果您有的时候也会说脏话，那么请您找一句较为温和的代替词语，这样即便您的孩子听到后重复您的话也不会过于让人震惊。我们曾经遇到过一位祖父先生，如果他的孙子对他讲了脏话，那么他也会以脏话回应，不过他用的是比较温和的词语，而这样的词语在多数情况下是无伤大雅的。

如果您家的宝贝跟着别人鹦鹉学舌地拣来几句脏话,您别表现得太当一回事,您只需提醒他:"这些话语呢你不能在家使用哟。"

不仅仅是脏话会吓倒牧师和祖母,有的年纪小的孩子觉得关于"屁屁"或者"厕所"的一些语言很有趣。如果他用的词语只是玩耍时的话语,而非当众骂人,您无需对此作出任何反应,既不要笑也不要生气,只需忽视就可以了,孩子长大一点就自然不再喜欢讲了。

宝宝爱插嘴怎么办

一些小宝宝喜爱打断大人们的谈话,或者接嘴、插嘴,这时大人们往往感到十分生气。插嘴是宝宝们典型的引起大人注意的方式,因为你们在谈话时他也想要参与进来,不想有被冷落之感。若是没能加入你们,他们便会觉得无聊或者感觉自己被忽略了。相信大多数的爹地妈咪都有这样的"尴尬打电话时刻"吧——您一边想要专心地跟人在电话上聊天,而您家的小宝宝却使劲儿缠着您的大腿,希望您把注意力都移到他身上来。如何避免这样的时刻呢,我们通常使用的招数就是提前做好计划。将财宝篮或雨天小盒子(参见第六章)改成"电话粥小魔盒"。魔盒里面装的当然都是一些能分散宝贝注意力的东西啦:用来记录的蜡笔和便条纸、给宝贝玩打电话游戏的旧电话或玩具电话、高技术智力玩具等,任何可以让宝宝模仿您打电话时的动作的小东西都可以。也就是说,若是您真的需要单独讲一会儿电话,您得给宝宝一些新鲜的东西来拴住他的注意力。

我曾经照看过一个小宝宝,他仅学步的年纪,每次只要妈咪跟人家打电话,他都要抱着她不放。后来我们给宝宝买了一个玩具电话,并且事先在电话里录了声音,结果挺有效果。有的时候,甚至宝宝自己特别专注于"讲电话",他都不允许妈咪打断他的"谈话"呢!

——保姆琳恩

怎样让宝宝做他不愿意做的事情

大部分的小宝宝都会经历这样一个阶段，那就是不愿意坐车，或被放入婴儿车，也不愿意系安全带。那么您将如何避免一个可能会长达20分钟的"谈判"呢，因为这个谈判很有可能会让您大发脾气，然后宝宝也会变得眼泪汪汪。不用担心，因为接下来我们就要向您介绍一个能帮助您和宝宝快速出发的好方法。

当您准备将宝宝放上汽车，或者他自己的婴儿车里的时候，您可以跟他玩一个系安全带的游戏。假装您和宝贝都是飞行员或者航天员，这时起飞的时刻到啦！然后跟宝宝讲解说所有的飞行员和航天员在起飞时都要系好安全带的。另外一种办法是让带上您家宝贝最喜爱的泰迪熊或其他玩具，并且特地留一个空位给它坐。这时宝宝就会自然而然地上去坐好，因为他得教泰迪熊要怎么坐呀。千万记得要检查一下，宝宝是否给自己和泰迪熊都系上安全带啦。

每次上车前，我都要不停地说话，告诉宝宝我们要去哪里，我们要去看什么，我们到了那里可能要做什么，等等。这样做的目的，是让宝宝的注意力分散到其他事情上，以便我能飞速地将他带上车，并能在一眨眼的工夫，就帮他把安全带系好。

——保姆露易丝

如果宝宝不想出门，不用怕，我们还给您准备了另外一招。您可以叫宝宝为这次的"旅行"收拾自己的东西，并且给他一个时限。您用墙上的时钟告诉他距离出发还有多少时间，告知他需要准备哪些东西，每样东西又是在哪里可以找到，这样一来出发前的10分钟宝宝也能有事可做啦。在出发前的几分钟，您还可以给他倒计时，鼓励他查看一遍，是否该带的东西都带齐了，然后跟他比赛谁先上车。

有的时候不仅带孩子出门是一件麻烦事，有的宝宝就连洗头或者梳头，也显得十分不乐意。诺兰的保姆通常是怎么做的呢？我们会让宝宝自己选择梳头用的梳子,或者洗头用的洗发水,或者将洗头和梳头变成一个游戏或角色扮演。您可以扮成一个理发师,宝宝呢则是顾客,理发师要做的当然就是给顾客洗头和梳头啦。泰迪熊和其他玩具娃娃也可以参与到这个游戏中来,您可以先给泰迪熊洗头,最后再帮宝宝洗。

> **诺兰金科玉律**
>
> 　　要想宝宝洗头时不觉得难受的话,诺兰建议您给宝宝配备一副泳镜。泳镜能防止香皂或者洗发水流进宝宝眼睛里。如果是在澡盆里洗头,您可以往澡盆里放入一些玩具,比如小鱼、鲸鱼、潜水艇等。这时宝贝可以想象自己是一条小海豚或者是深水潜水者。

宝贝不懂礼貌怎么办

曾几何时,诺兰的保姆们都要确保宝贝们吃饭时,手肘不能碰到桃木餐桌。懂礼貌、讲礼仪还是所有宝宝都要学会的事情。本书的第三章和第四章已经讲述了如何帮助宝贝养成良好的餐桌礼仪,但是礼仪远不止那些内容,宝宝还应当学会说话时的礼貌和社交礼仪。您越早教会宝贝使用礼貌用语越好,比如"请""谢谢""不好意思",等。如果您自己有时在这些方面不太注意的话,那么首先您得把自己"修炼"好。

甚至是向别人打招呼,说声"早安"或"你好",都是我们应当教会宝宝的重要礼仪。向人问好是一个最普通的礼节,尤其是当别人首先向你问好的时候,你更应该回以礼貌的招呼,不然的话你就会被看作不礼貌了。若是家长不能在宝宝适龄的时候,教会他勇敢地跟陌生人打招呼的话,他长大以后,很有可能不能或是不愿意向人表达出应有的礼貌。因此,您必须确保您家的宝贝分得清什么是不跟陌生人说话和什么是应有的基本礼貌。

如果您觉得这样太老套,那么请您想一想其中的好处吧:好的礼仪是与良好的社交技能有着千丝万缕的联系,如果孩子能有这些技能,那么他的生活也更能如鱼得水。而且您的社交生活也能更加风生水起哦,因为懂礼貌、有教养的孩子往往下一次还会收到别人的邀请。

听到小朋友们讲"你好"和"再见"的时候,人们会觉得特别可爱,但是我的规矩就是如果我与宝宝碰到陌生人,他只用简单地打招呼就可。

兄弟姊妹不和睦怎么办

只养一个孩子算是件简单的事,因为不会有人跟他因为争夺巧克力冰激凌,或者玩具火车轨道而打架,并且他一个人会获得父母的全部关心。但是当有新的宝宝降生,整个家庭就会发生改变。诺兰十分清楚,兄弟姊妹间的口角、互相欺负或者打架都是家常便饭,而他们这样做的目的您知道是什么吗? 就是为了得到你们的关注。如果有新的宝宝出生,尤其是当家中已有一个学步年龄的小孩或是小宝宝,那可以算得上是一个重大时刻。新宝宝往往不是家中小孩欢迎的对象哦。

当新宝宝到来之后,家中原来的小孩经常会变得淘气,因为他们觉得爹地妈咪的关心和关爱都转移到了小弟弟或小妹妹身上。为了防止这样的现象,我们建议您提早告诉您的孩子关于小弟弟和小妹妹的事。在家的时候,您可以让宝宝帮助您一块儿为新宝贝的降临做准备;给孩子看看您的第一张 B 超扫描;带孩子一起为新成员买衣物,并让孩子也为自己选一些喜欢的东西。这时他也许愿意为自己的小弟弟或小妹妹洗干净原来用过的婴儿车,这也是为他准备的一项特别任务,因为现在的他已经不再是需要婴儿车的小婴儿了。如果您在怀孕期间能一直给宝宝讲解关于小弟弟或小妹妹的事情,那么您的孩子便不会感觉自己被排除在外,而且等新宝宝降生的时候他也会变得更加配合哦。

为了不让宝宝嫉妒自己的弟弟妹妹,一些育儿专家建议,在新宝宝出生的那一天,让新宝宝给自己的哥哥姐姐"买"一份礼物。我们还建议,当您第一次将小宝宝介绍给他的哥哥姐姐的时候,您最好将小宝宝放到自己的小床上,然后给您的大宝宝一个大大的拥抱。这样的做法能够让他觉得自己的弟弟或妹妹并没有抢走他的地位,并且您产后还可以继续抱抱大宝宝,就像往常一样。您一定得注意一点,这时候的大宝宝往往比新的宝宝更需要您的关心。

> **诺兰金科玉律**
>
> 如果您的大宝宝已经可以换到大一点的床睡觉,那么最好在新宝宝出世前就这么做,因为小宝宝将来要睡那张小床。提前这么做的好处在于,哥哥姐姐不会感觉弟弟妹妹侵占了他的领地而心生怨恨。

4～11岁的阶段是兄弟姊妹最不和睦的时期。无论身为爸爸妈妈的你们怎么做,他们之间都免不了会存在对彼此的嫉妒、竞争,还会控诉父母偏爱了另外一个。作为父母的你们就需要经常给他们"调停"。我们在这里能给出的唯一建议就是:忍耐。如果孩子们发生口角或打架,那么就请你们尝试一下本章提的一些建议吧。只能期盼孩子能尽早走出这个阶段,也许要等到18岁吧,还不一定呢。

每天都不顺

有的时候无论您怎么好好教育或者采纳了何等绝妙的建议，宝宝的表现就是没有变化。有的宝宝可能一直都十分好动，无法集中精力，破坏力强，恼人，并且爱欺负人。这些表现可能不是他们的本意，但是他们就是控制不住自己。常见的表现有：

■ 自闭症和亚斯伯格症候群：可能会导致认知和语言使用方面的障碍。

■ 听觉问题：耳聋或胶耳会导致孩子难于听从指示。由于孩子听不到别人说话的内容，因此无法按照指示办事，人们往往会误解孩子的这种行为。

■ 癫痫：会导致孩子昏昏欲睡、没有精神、举止怪异，并且影响孩子集中注意力的时间等。

■ 妥瑞氏症：此病症症状包括反复的不自主抽搐动作和声音上的抽搐。

■ 注意力缺陷多动障碍（ADHD）：它不仅仅表现为过动，还会导致注意力不集中和破坏性行为。症状主要有：不专注、过动、行为笨拙、侵略性、不自信。

如果您觉得孩子的行为其实存在医学方面的原因，那么一定要尽快向卫生随访员或者全科医生咨询。与保姆或学校保持好的沟通，这样他们就能帮您留意宝宝有没有什么异常行为，如果有需要的话，他们还会帮您介绍相应的专家。

本章大部分的内容都是具有良好意义的常识。当您家1岁的小宝宝在给房子"大拆迁"或者4岁的宝宝刚刚咬了自己的小弟弟的时候，您可能就会将常识抛诸脑后。但是如果您采取严肃的方式来处理，那么您的宝宝便更能适应今后的学校生活（无论是去托管所、幼儿园，还是将来去学校都是如此）。

第九章　诺兰必读之谁来照顾宝贝？

　　生完宝宝的妈咪如果要马上投入工作,那么您首先要做的一个重大选择,就是如何找一个可信赖的人来照看您的小宝贝。根据您个人的情况和预算的不同,您的选择也就不同。保姆、临时保姆、"互裨"姑娘(译者注:"互裨"姑娘是指以授课、协助家务等只换取膳宿、学习英语、不取报酬的外国女子)、托儿所都是您的选择范围。如果您足够幸运,隔壁可能就住着一位心态相当年轻的老奶奶愿意帮您看孩子呢。但是,面临这五花八门的选项,您要如何判断哪个才是最适合自己宝宝的呢? 我们在这里也只能给出一些关于照顾宝贝的建议,因为我们深知一千个家庭就有一千种情况,而且适用于您姐姐或者朋友家宝宝的办法可不一定就适合您的宝宝。因此,本章的主要内容就是为您提供一些相关信息,希望帮助您为宝贝做最好的选择。

未雨绸缪

　　谈到为照顾宝宝做准备,我们必须送您一句四字箴言:未雨绸缪。在宝贝出生前的几个月您就得预定好照顾宝宝所要用到的一切"设备",尤其是您住在城市里的话更应如此。因此,您首先要做的便是检查自己的购物清单。诺兰曾经遇见过最为有条不紊、未雨绸缪的父母,他们在自己宝贝的第一次 B 超扫描之后就将宝宝的名字注册到了选定好的托儿所。请务必确保提前做好一切准备，事先查好需要的东西，至少有一份临时的照看宝贝的计划。这些事情最好在您每天还能好好睡上一觉的情况下一股脑儿都完成。下面是我们给您的一些相关建议。

诺兰育儿准备清单：

■ 提前准备——打听好在住所周围都能买到哪些东西。

■ 化繁为简——尽量在距离家或单位近的地方购买育儿设备。

■ 照顾宝贝的花费往往不是一笔小数目，因此您得提前做好预算。

■ 向上司申请弹性工作制。

如果您一定要回到工作岗位，那么弹性工作制是十分关键的。最好在回去上班以前就跟您的上司或者人力资源部门的相关人员谈好弹性工作的事宜（若是能在休产假之前就谈妥更佳）。另外，您还可以跟上司商量孩子生病时能不能在家工作。有的妈咪发现回去做兼职是非常不错的选择，因为这样她便能两头兼顾。记得在挑选育儿设备时，尽量将每一种类型的都了解一下，以防将来宝贝出生以后您又改变主意。

在家照顾宝宝

如果您是在家照顾宝贝的妈咪，那么这时您面前的选项也是十分丰富的。不管您是想选择保姆、"互裨"姑娘还是保育员，我们都能给您不赖的建议。

如何选择保姆

保姆通常是在你们最为熟悉的环境中照看宝宝，那就是您的家里。保姆通常会接送孩子上下学、准备一日三餐,如果合同中有规定的话,她还会做一些家务。如果您的预算足够请一位保姆的话,等到她来了以后,您也不必担心家中的生活习惯会发生任何改变。并且,倘若出现您加班晚回的情况,保姆通常也会呆到您到家为止。请保姆的一大好处就是上班的父母不用每天在高峰期接送孩子,而且还能很好地掌控日常作息、饮食和日常活动。但是,关键的一点就是您得请对人。因为保姆可能会住在您家,而有的父母很难适应与保姆一起生活。

若是您已经请了一位保姆,那么在她走马上任之前,您必须跟她约法三章。为了避免任何的误会发生,您需要跟她讲清楚您的期望是什么,希望她做些什么事情,除此之外,您也可以了解她,对您有什么要求。妈咪可能会问到以下问题。

诺兰保姆细则——您所期望的保姆:

■ 明确保姆职责。她的工作是只照看宝宝,还是您希望她另外再做一些跟照看宝宝相关的事情,比如帮宝贝洗澡、洗衣物等。您还希望她做一些家务活吗?如果答案是肯定的,那么请事先与保姆商量好薪水,因为您可能得多给点工资才行。

■ 告知保姆她的工作时段和她的薪水(一定要讲清楚是税前还是税后的薪水)。

■ 讲清楚您是否希望她住在您的家里。

■ 如果您不提供交通工具,那么确保保姆有自己的车。查清楚她是否有保险,因为有时可能需要她开车送小孩。还有一点就是确保她车的车况是适于在公路上行驶的。

■ 确保保姆没有犯罪前科,或者她有相应的证明证书。

■ 确保保姆有最新的急救证。

保姆对您的要求:

■ 如果她要使用自己的车,那么您如何支付相关的汽油费和其他维护费用?

■ 如果她需要住在您家,那么她的吃住如何解决,她是否有自己的卧室呢？

■ 节假日她是否需要陪着您一家人呢？ 如果是的话,她的薪水怎么算？ 工作时长是多少？

■ 保姆的年休假有多长？（妈咪您务必确保她的年休假是大于或等于法定最短的时间）

还有一点您必须知道,雇佣保姆之后,您就是她的老板了,因此您必须为她支付相应的国民保险费用和税费。记得事先与保姆机构核实相关的费用,比如津贴,这些有可能是您的保姆必须享有的。

> **诺兰金科玉律**
> 在决定雇佣一个保姆前,务必让她用车载你一次,确保您对她的驾驶技术满意后方作最后决定。

确保在一开始就要求清楚、立字为据,一切都在合同中标明。不要忘了在合同中写明关于保姆个人生活习惯的要求,以及您家中的一些规矩（有的事情可能是十分惹人厌的）,比如保姆是否可以在您家里吸烟,是否可以带男友过夜,等等。如果保姆是通过保姆机构选择的,机构会事先帮您把一切困难都解决,之后才会签订合约。即便保姆已经到岗,机构还是会帮助解决雇期间出现的任何问题。第一个月用来当作保姆的试用期,这样双方都有再次双选的机会,比如性格方面有摩擦,或是出现其他问题都可以终止劳动合同。

心中选好某个保姆之后,您千万别忘了一件极其重要的事情,那就是您必须想一想这个保姆的性格、人品是否适合整个家庭,而她又是不是真心喜欢您家的宝贝们。诺兰建议您在家用一个周末来试验一番,之后再决定要不要签订合同。

有的时候一些父母猜想保姆在家一定在做事。那么猜想是否正确呢？您就需要每个月或每周开一次家庭会议,或者与保姆闲谈一番,以保证她的确兢兢业业,将家里打理得井井有条。我们经常会听到不少妈咪抱怨家中的保姆。其实个中原因是妈咪自己感到负罪感,并且觉得保姆是在挖墙脚,因为保姆抢夺了妈咪这个家长的角色。这时妈咪需要自我检查一下啦:您抱怨保姆是因为您觉得自己的地位岌岌可危,还是她真的没完成工作? 如果保姆住在您家里,您还得告诉她,您和丈夫有时会需要二人世界。因为有的妈咪抱怨保姆的原因,是她老是在二人世界里充当一颗"一千瓦的大电灯泡"。

保姆的选项还有很多。有的家庭会选择月嫂。月嫂的工作就是在妈咪刚生完宝宝的前几个星期照料母子两人。月嫂往往受过专门的培训,她们尤其需要懂得如何照料刚出世的小宝宝。大部分的保姆机构都可以为妈咪提供月嫂服务(详细介绍请参见第一章)。

如果您觉得请一个保姆的开销太大,那么您也可以考虑几人一起分摊。分摊是什么意思呢? 也就是说,一位妈咪请来一个保姆,但是保姆要照顾两家的孩子,而这两家人便分摊其中的花销;或者是保姆不专职在一家看小孩,她在两家都做兼职(比如一家呆半天这样)。显然,这样的办法就大大减少了家庭开支。若是您有这方面的需要,您可以上网搜查,或者您也可以到保姆机构或当地发布广告的地方咨询。

"互裨"姑娘

来自异国的"互裨"姑娘,可以说是帮忙照看宝宝的一个好选择,因为她们能为您节省不少开销。您向她提供膳宿、英语学习帮助,而她则帮忙照顾您的宝宝。英国有不少提供"互裨"姑娘的机构。但是您从一开始就必须清楚一个事实:"互裨"姑娘通常没有受过训练,并且都十分年轻。您最好不要将"互裨"姑娘看成是保姆,她们顶多是帮您一块儿接送孩子上下学,孩子在家时能帮忙稍微看着点。

选"互裨"姑娘跟选择保姆一样,您都要判定她是否喜爱小朋友,她的性格人品是否与您的家庭合得来。"互裨"姑娘都是远离家乡,住在完全陌生的家庭里，因此她们很有可能会出现男朋友的问题啦、生闷气啦，或者是眼泪汪汪跟家人打电话之类的。有的父母觉得让"互裨"姑娘住在家里就仿佛多添了一个小孩一样，让人倍感压力。但是如果您选对了"互裨"姑娘，您的压力减少不说，还可以让您家宝贝接触异国语言与文化呢！

临时保姆

每个妈咪可能时不时都会用到临时保姆。实质上，她们就是您在家照顾宝宝的安排中的一部分。最理想的临时保姆往往是您所熟知或信赖的人，或者别人专门推荐的。选择临时保姆有一些基本法则十分重要。

诺兰临时保姆基本法则：

■ 照料宝宝期间不能吸烟和酗酒。

■ 未经允许不得带朋友或男朋友到家。

■ 必须按时看看宝宝的状况。我们建议对很小的宝宝要每15分钟就查看一次，即使你有婴儿监护器也需要这样做。

■ 确保保姆有您或者您的邻居、亲人的电话，以备出现任何紧急情况时用。

■ 确保她知道您家的详细地址，以备需要时叫救护车。

家庭妇男与家庭主妇

有的家庭决定父母其中一个在宝宝出生后暂时不会到工作岗位。如果您选择当一位家庭主妇或者家庭妇男，请务必确保您的宝宝有机会与其他宝贝一起玩耍。许多宝宝的活动您都可以参与哦：加入幼儿游戏班（译者注：幼儿游戏班是指一种学龄前儿童临时幼儿班，由私人组织并且通常是附设于邻近的公众场所中）、与其他父母结伴带宝宝去公园,或者带宝宝参加幼儿游泳或音乐班。

任何全职的保姆都渴望在某个时间能休息一下,因此您最好保证自己心中还有所期盼的事。若是您找不到亲人或朋友帮您照看一下宝宝,您可以选择将宝贝放在婴儿车里,然后带他出去散步,宝贝很容易就睡着了,这时您就可以放心地到咖啡厅点一杯咖啡,拿上一张报纸,安逸地享受一番了。希望您能拥有这样的时光吧。

老人带小孩

如果您家附近就有能帮忙带小孩的亲戚,比如爷爷奶奶,那可是一件美事。您不必再为如何搞定自家的宝宝而担忧啦,因为奶奶已经是宝贝生活当中的一部分啦,并且这一种在家带小孩的方式可是几乎不会花任何额外的钱哦。最让爹地妈咪放心的就是,他们深知此时此刻照看小宝宝的是跟他们一样疼爱宝贝的人。

许多老人会帮忙照看孙子孙女,但是这并不是一件容易的事。即使是一个 30 岁的人,在照看比如 1 岁大的小孩时都会感觉十分疲累,更何况是 60 岁的老人,那更是会被折腾得筋疲力尽。爷爷奶奶带小孩的另一个弊端就在于,他们对于抚养孩子的观念有可能与您的大相径庭。跟接受您薪水的保姆和保育员不同,老人们往往不会听您的想法,他们会直接无视您的观点。我们的建议是不要过分依赖老人,最好手边常备其他资源,以备不时之需。

不在家里带宝宝

如果您选择在家以外的地方照料宝宝,那么您可以找一个保育员或者一家托儿所。宝宝一天中大部分时间都见不到您,因此,他可能要花更长的时间才能适应新地方。

如何选择保育员

注册保育员可以在她的家中一次照看最多 3 个小孩。每次照看多少小孩取决于小孩的年龄。绝大部分国家的法律都规定,保育员都必须经过犯罪记录检查(比如在英国,保育员必须经过刑事记录科的核查),并且应在当地的政府相关部门注册,接受政府部门的审查。通常情况下,保育员都必须持有基础儿童保育证书并接受过急救方法培训。

倘若您是一名全职工作的家长,您的宝贝会与保育员一起度过一天中的大部分时光,因此您必须有心理准备,宝宝会跑向她而不是您,宝宝会想要她的拥抱而不是您的。所以呢,您必须在情感上要有所准备,接受您只是宝贝心中第二位的这样一个事实,如果您因为宝宝更爱保育员而非您就大掉眼泪可是起不到任何作用的哦。

将宝贝交给保育员照顾可以给您带来不少好处:首先,保育员自身一般都是当过父母的人;其次她们会在家庭环境中照看宝贝,而您照看宝宝的时间也可以灵活决定。如果想要知道保育员的工作状况,您可以联系当地的市政委员会或全国保育员协会。一旦您心中已有几个人选,下一步就是去"探明"她们能提供些什么服务,并且在她们照看小孩的时间前去一探究竟。

诺兰保育员查看清单:
- 她欢迎您和您的宝贝了吗?
- 她对您的宝宝感兴趣吗?
- 您喜爱其他在这里的小孩吗?
- 观察她是如何与其他宝宝讲话和玩耍的。
- 查看各个房间还有室外的玩耍场所。
- 看看她为孩子们准备了什么食物。
- 厨房的装潢如何?
- 如果您的时间要调整,您需要提前多久知会她。

可能许多父母容易忽略一点，但那恰恰是较为重要的一点，您与她在良好行为与不良行为的划分上是否一致。您可能不允许宝宝在家具上蹿上蹿下或者在墙上涂鸦等，而保育员却允许他这样做；或者您允许而她不允许。这种情况可是十分不好的。请务必确保您和她在如何管教孩子的行为方面能有一致的看法。

最后一点，绝大多数的保育员都有相应的软硬件设施，否则他们是不能注册的。保育员必须能提供良好的室内、室外玩耍场地，墙上有贴图，还要为孩子提供健康的食物。但是最后起决定作用的，还是您对整个环境气氛的看法以及她的人品性格是否适合您的宝宝。所以我们建议您在选择保育员时能信赖您作为父母的直觉。我们重申，在选择保育员时，您自身的感受和观察，还有您熟悉和信赖的其他父母的推荐才是最重要的参考。

托儿所或幼儿园

小到乡村、小镇，大到城市都有托儿所。它们要么是政府公办的，要么是私立的，或者是附属于某个学校。许多家长偏爱托儿所的环境，因为托儿所能为孩子将来上学堂做准备，并且能让孩子与同龄人一起玩耍。托儿所一年四季都营业，因此十分适合上班族父母。托儿所里的专业老师们也是一大亮点，因为他们能为宝贝提供合理的、适合孩子年龄的一系列活动。并且，与保姆和保育员不同，托儿所的老师不会因为生病就不能照看小孩，因为他们有足够多的人手。

如果您有意向送宝贝去托儿所，那么请事先到托儿所见见老师，感受一下那里的气氛。与其他家长交流心得也十分重要。托儿所的选择当然很多，但是最好能尝试在当地父母中口碑最好的一家。第一次去托儿所拜访时，最好不要带着宝宝，不过等您做好决定后就可以带着他一块去啦。

诺兰托儿所考核清单：

■ 教师员工是否给予您热情的欢迎？

- 托儿所的环境是否安静、明亮、友好且给人感觉积极向上呢?
- 孩子们都很快乐且安全吗?
- 是否有室外玩耍场地?
- 食物是否健康、新鲜?
- 是否为小宝宝们提供牛奶和尿片?
- 收费情况如何? 是按月收费还是按学期收费?
- 1 周至少能提供几天的服务?
- 是否 1 年 52 个星期都营业还是跟学校一样放假?(如果是学校的附属幼儿园,它们一般是跟学校同步放假)
- 如果跟学校同步放假,托儿所是否会提供其他额外服务?

所有的幼儿园都非常规范,而且几乎都会提供清单上的内容。它们的目标就是尽可能吸引家长,毕竟,家长才是掏钱的人。因此,您需要做的就是从细微处看起,找找哪些能让这家托儿所脱颖而出的细节。下面这些细节就是诺兰的秘密绝招啦。

诺兰完美托儿所要点:

- 如果按照诺兰的方法,一家托儿所应当为宝贝复制一个家庭式生活,也就是说,不同年龄的宝贝可以放在一起照看(但是小宝宝们必须有自己特定的睡觉区域)。
- 当您在托儿所转悠时,您可以试着用一个孩子的眼光来看待周围的环境。假设您只有 1 岁,或 2 岁,或 3 岁,您眼中的这个托儿所是个什么样子呢? 墙上的贴图必须贴在孩子们视线可及的高度,并且图片的内容要是能够激发宝贝们灵感,并且积极向上带有鼓励性质的。做父母的当然是希望在墙壁上看到小朋友们自己的画作,但是好的托儿所往往会将小朋友的作品与真正的艺术创作或者自然风光图片一起挂在墙上。
- 好的托儿所会鼓励宝宝们欣赏音乐,从古典音乐到爵士乐,应有尽有。宝宝们在这里不仅能听音乐,还要有真正的乐器可以用来弹奏。
- 检查一下托儿所是否用电视来娱乐孩子们。诺兰从来不会选择用电视来娱乐小朋友的托儿所。

■ 好的托儿所会提供室内和室外的玩耍场地,并且由小朋友们自己选择何时何地在哪里玩耍。托儿所还应当准备足够的雨衣和雨靴,这样宝宝们无论晴雨天都能外出玩耍,体验不同的乐趣。

■ 托儿所提供的食物必须是健康的,包括新鲜的水果和蔬菜,而不是用微波炉随便加热的食品。

如果是妈咪在选择托儿所时,一定会查看上述各个项目。这些内容之所以十分重要,是因为它们是帮助宝宝发展社交技能和情感因素的重要元素,宝宝在托儿所的生活能帮助他提高独立性、集中精力的能力、安静坐好听讲的能力、考虑他人需要的能力,以及自我责任感。这些能力都是宝宝正式上学前所必需的。不仅如此它们还能帮助宝贝成为各方面均衡发展、快乐成长的孩子。

备用保姆

无论您为宝宝选择的是保姆,保育员还是当地的托儿所,您都务必要有一位备用的护理人员。当您或您的宝贝生病不能去托儿所时,或者保育员或保姆自己生病而无法照料小孩时,您需要一位备用保姆。在选择保育员时,您应当提前想到一旦保育员生病了要怎么办?举个例子,您请的保育员或者保姆给正在上班的您打电话说她生病了,而您又不能撂下手头的工作飞奔回家,那么您就得立马启动"紧急预案"了。

许多专业的保育人员都有自己的备用人员,但是您最好还是事先为自己准备一位。否则当宝宝生病时,您就不得不请假回家,因为保育员不会照顾生病的小孩。所有的托儿所对于生病的孩子都有严格的规矩,因此您得有事先准备,一旦宝宝患上痢疾、皮疹、感冒、流感或者结膜炎,托儿所就暂时不让宝宝进学堂了。一些父母专门在公司留上一些请假的次数,以防家中有什么紧急事件,或者是问问亲戚朋友可不可以帮忙照看孩子。

您心里还得对一件事有个数，那就是很可能您已经选好了一位保姆或者一家育儿机构，但是之后发现这个选择并不合适。在选择育儿人员或者育儿机构时，最好使用您自己作为父母的直觉还有您对自己宝贝性格的了解。若是您已经看完了所有可选择的人员、机构，那么等日后需要换人或换地方时，您都能做到心中有谱。最好起初就为自己准备一个备用计划。但是，我们在这里要说的是，不要一看到任何问题的苗头就立马带走宝宝。记住，无论是让哪个人照料或是到哪个机构生活，宝贝都需要时间来适应。

做好准备吧！

有的父母在要将宝贝交付到保育员（或者"互裨"姑娘、保姆、托儿所）的最后一刻突然会有莫名的罪恶感。这种感觉也许会让您措手不及。通常来讲，上班族父母最容易有这种体验，媒体一些关于保育员等没能好好照顾宝宝的报道也加深了您的罪恶感。对于很多妈咪来说，最让她们难受的，就是觉得自己要将亲爱的宝宝交付给一个不熟悉的人照料，那个人可不是宝贝的"妈咪"。但是根据我们的经验，所有的宝宝最终都能适应这种新的生活。

让宝宝有所准备

一旦您决定好要让某人照料宝宝，您最好能事先让宝宝做好适应新环境的准备。宝宝的反应如何取决于他本身的性格。有的宝宝很难接受新的生活方式，而有的宝贝则欣然接受妈咪的安排。无论您家的小孩是什么样的性格，最好都事先让他为这一改变做好准备。尤其是当宝宝还不满 5 岁时，这样的改变对他来说可不是什么小事哦。

请妈咪一定要确保孩子在新环境中能感到开心，有安全感，有信心能适应一切。诺兰有许多小窍门提供给妈咪们，帮助您的宝贝顺利适应这一大转变。

新环境第一天：

■ 到当地图书馆找一些关于第一天上托儿所的故事书。

■ 给宝宝讲讲托儿所或者幼儿游戏班是什么样子的。告诉他在那里他会遇到新朋友，还有新的玩具娃娃可以玩，一定十分有趣。说这些的时候一定要不着痕迹，不要太刻意。不要描述得太夸张，因为希望越大，失望也会越大。

■ 提前带宝贝去见见今后的保育员或者一起到托儿所看一看。这样可以给宝宝一些过渡时间，保证他日后能适应新生活，并且过得快乐。

■ 如果有其他家长要带孩子去同一家托儿所或游戏班，您可以安排在去之前与他们见一面，这样宝宝到了托儿所以后就立马能有新朋友了。

此外，您自己也要有心理准备，因为这一天终会到来——您会把孩子带到保育员家里或托儿所，或者把他留给保姆照看。想想看如果宝宝看到自己的妈妈掉眼泪，他会怎么办？相信也是泪水决堤吧。所以，觉得自己会忍不住掉眼泪的妈咪们一定要事先给自己打预防针，一定要忍住不哭才行。只要忍过那一小会儿就好啦，一转身您就能到车子里大哭一场，或者倚着朋友的肩膀流泪，或者给自己的老妈打电话哭诉，但是万万不可当着孩子的面哭哦。这一天是一个重要时刻，记住务必要保持镇定和乐观。走进托儿所，向老师介绍自己，道别，告诉宝贝今天下课之后一定会按时接他，然后转身离开。如果宝宝这时大声哭泣，您也不要回头，一般来讲等你走到他看不见的地方时他就会停止哭泣了。如果您之前承诺会打电话到托儿所看看宝贝乖不乖，那么请记得一定要履行诺言。但是不要直接跟宝宝通话，只要让托儿所的老师告诉宝贝您打过电话来就可以了。

让宝宝在家也按照托儿所一样生活自理

　　我们建议妈咪让宝贝在家也像在托儿所一样地作息,能自理的事情就让他自己来做,鼓励大一点的宝宝自己整理小书包。孩子在学校的那几天,时间都是排得满满当当的:周一体育运动,周二小提琴课,周三游泳课,等等。这样的生活一直要持续到他 14 岁。想要一切都井井有条地进行,我们建议您拟定一份图表或计划表,把每天的事务罗列出来。最好使用 1 张 A3 的纸,上方表明星期几,下方写上具体时间。这种计划表不仅对大家庭十分适用,小家庭也一样。它能够确保家庭成员都能按时出门,按时做该做的事情。如果您想让这份计划表更加赏心悦目的话,可以叫宝贝跟你一起好好设计一下哦。如果宝宝还小,可以将乐器图片或者游泳运动员的图片剪下来贴在小卡片上,然后把它们粘在计划表上相应的位置。等宝宝大一点,把词汇写在卡片上,比如"拼写本""小提琴""运动用品"等,这样就能帮助宝宝认字、阅读。

　　粘贴计划表的最佳位置是前后门的里侧,每个人出门的时候都可以检查一下是否带齐了今天要用的东西。叫宝贝帮忙查看今天的日程,不仅能够减轻您的负担,更重要的是能培养他的责任心。最好让宝宝查看两次:除了当天早上出门之前查看一次,头一天晚上也让宝宝看一下计划表,这样一来,大家就能将第二天要用的东西提早准备好。这样做的好处就在于避免早上出门时的手忙脚乱,不然您可能临走前才想起来宝宝的运动用品还湿湿脏脏地放在洗衣篮里,而且宝贝的小提琴也被落在奶奶家了。只要您按照我们的建议来做,相信等到宝宝念小学的时候,早上出门前也一定是有条不紊,开开心心的了。至少绝大部分时候是这样吧!